U0285124

环境保护中的
公众参与制度研究

卓光俊　著

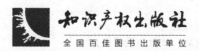

知识产权出版社

全国百佳图书出版单位

图书在版编目（CIP）数据

环境保护中的公众参与制度研究/卓光俊著. —北京：知识产权
出版社，2017.7

ISBN 978-7-5130-5037-1

Ⅰ.①环… Ⅱ.①卓… Ⅲ.①环境保护—公民—参与管理—研
究—中国 Ⅳ.①X-12

中国版本图书馆 CIP 数据核字（2017）第 168677 号

内容提要

全书共分为六章，围绕环境保护公众参与的研究背景、一般理
论，国外环境保护公众参与制度的考察和借鉴，环境保护公众参与的
理论与现实基础，我国环境保护公众参与制度的现状与缺陷，以及立
法完善，进行了较为全面、深入的研究。

责任编辑：崔　玲　　　　　　　　责任校对：谷　洋
封面设计：SUN工作室　韩建文　　责任出版：孙婷婷

环境保护中的公众参与制度研究
卓光俊　著

出版发行：知识产权出版社 有限责任公司	网　址：http://www.ipph.cn	
社　址：北京市海淀区气象路 50 号院	邮　编：100081	
责编电话：010-82000860 转 8121	责编邮箱：cuiling@ cnipr.com	
发行电话：010-82000860 转 8101/8102	发行传真：010-82000893/82005070/82000270	
印　刷：北京嘉恒彩色印刷有限责任公司	经　销：各大网上书店、新华书店及相关专业书店	
开　本：880mm×1230mm　1/32	印　张：7	
版　次：2017 年 7 月第 1 版	印　次：2017 年 7 月第 1 次印刷	
字　数：150 千字	定　价：28.00 元	

ISBN 978-7-5130-5037-1

目　录

1

绪　　论

1.1　选题的背景及研究意义

1.1.1　选题的背景

环境问题作为人与自然关系中无法避免的相互影响的一种形式，早已存在。只不过在工业革命之前，人在利用自然、改造自然过程中产生的环境问题对人类社会仅具有短期性和局部性的有限影响，并且大部分在环境可以容纳、调节、化解的范围内，不足以构成对整个人类社会生存和发展的严重威胁。❶ 因此彼时的环境问题，主要由环境发挥自我调节功能，再辅以人类的恢复及保护。

生态环境真正发生质的变化并成为威胁人类生存和发展的重大问题，是由 18 世纪末西方发达国家的工业革命开启的，并随着此后人类社会工业化程度加深而加剧。技术的飞跃使人与自然在力量对比上发生了根本性的转折，在缺乏控制的情况下，对自然界造成致命性的破坏。其结果，不但使传统的资源紧张、动植物灭绝、大气和水污染等生态环境问题变得更加严重，而且随着放射性、生物工程、全球气候变暖等新技术、新事物、新问题的出现，使环境问题向着复杂而多样化的方向发展，形成了一幕幕"环境悲剧"。❷ 人类与环境的矛盾空前激化，远远超出环境的自我调节能力，逐渐危及社会的公共利益和安全，危及人类生存和发展。

人类已经清醒地认识到环境问题给社会、经济、政治的发展带来严重影响。首先，环境问题加快自然灾害的发生频率，降低自然抵御灾害的能力；而且环境污染直接经由生物赖以生存的大气、水体、土壤等环境介质，危害生

---

❶ 吕忠梅．环境法新视野［M］．北京：中国政法大学出版社，2000：47.
❷ 蔡守秋．环境政策法律问题研究［M］．武汉：武汉大学出版社，1999：56.

物的健康，甚至夺去生命，并通过遗传引起生物子代形态和生理上的畸变。其次，环境问题制约着经济发展的规模、速度、质量、模式、种类等。❶ 最后，日益严重的环境问题还诱发了更多的利益冲突与政治纠葛。跨疆域的环境问题，极易导致国与国之间围绕国家利益问题产生争端和冲突，甚至造成断交和武装冲突。即使在同一国家内，跨地区的环境问题，也时常诱发不同地区之间、不同部门之间的摩擦与对抗，甚至引发群体性械斗。

由此可见，环境问题已成为当今世界各国不得不面对的、自然给予人类的最严重考验，深刻地影响到社会、经济、生活的各个领域，关系到每个人的现实利益和未来发展，成为当今必须予以重视和应对的重大社会问题。❷ 虽然在过去数十年间，人类为解决环境问题付出巨大的努力，也解决了一些局部性问题，但是从全世界范围来看，环境问题不但没有解决，反而在不断恶化。

中国作为发展中国家，正处在经济高速增长、对人口资源环境高度依赖的转型关键期，环境问题十分严峻，且在进一步加剧，应对、解决环境问题显得更为迫切。

工业革命前后发生的众多事实使人们认识到，不能期待企业和其他经济组织在市场竞争中自觉地将资金投入于

---

❶ 王曦. 美国环境法概论［M］. 武汉：武汉大学出版社，1992：83.

❷ 叶俊荣. 环境自力救济的制度因应：解决纠纷与强化参与［J］. 台湾大学论丛，1990：85.

环境保护，于是寄希望于政府对之加以干预、调节和控制，以促使社会安全和公共福利的实现。❶ 在西方发达国家于19世纪中后期次第完成工业革命、20世纪西方资本主义经济高速发展的同时，协调经济发展和环境保护之间的关系逐渐成为各国政府管理经济的重要内容。

但是到了20世纪七八十年代，仅仅通过政府进行环境管理的局限逐渐凸显出来，"政策失灵"现象频频出现。❷这种政府"直控型"的环境管理方式，其缺点在于：第一，仅由环境管理机关处理违反环境保护法律的企业或其他对象，会使制定和实施环境政策的成本提高。而政府用于环保的人力和财力是有限的，环境政策因此不能得到充分落实。第二，由于环境资源以及人类环境活动的多样性、复杂性等原因，导致政府对环境污染和破坏反应迟缓。❸ 第三，环境管理机关本身的局限。一方面，政府可能会由于各种原因怠于行使环境管理权，甚至纵容违法者；另一方面，政府的错误决策或者不当开发，往往造成更大的环境损害。

正是由于上述缺陷的存在，各国开始从单纯的"宏观环境管理"转向注重"社会型的环境管理"，重新界定政府和社会在环境管理中的地位，利用社会力量来从事环境监

---

❶ 原田尚彦. 日本环境法 [M]. 于敏，译. 北京：法律出版社，1999：128.

❷ 中国社会科学院环境与发展研究中心. 中国环境与发展评论 [M]. 北京：社会科学文献出版社，2001.

❸ 环境科学大词典 [M]. 北京：中国环境科学出版社，1993.

督和制约的工作。❶ 正是基于这种理念，公众的环境参与权得以普遍确立，各国、特别是发达国家积极强化对环境保护公众参与机制的构建。

1.1.2　研究意义

环境保护的公众参与，是人类生存环境不断恶化以及环境保护意识不断增强的结果。❷ 环境保护公众参与制度，已经成为解决环境问题的一个主要手段，成为环境法的一项重要制度。

改革开放前，在经历了大跃进、大炼钢铁的特殊年代后，中国生态环境遭到严重的破坏，成为中国发展不得不面对的突出问题。

1983年召开的第二次全国环境保护会议，将环境保护确立为基本国策，提出经济建设、城乡建设和环境建设同步规划、同步实施、同步发展，实现经济效益、社会效益、环境效益相统一的指导方针，实行"预防为主，防治结合""谁污染，谁治理"和"强化环境管理"三大政策。❸ 1993年，中国积极响应联合国环境与发展大会的会议宗旨，将"可持续发展"作为国家重大发展战略，中国1995年通过

---

❶　金瑞林．环境法学［M］．北京：北京大学出版社，2002.

❷　常纪文．环境法原论［M］．北京：人民出版社，2003.

❸　蔡守秋．环境资源法学［M］．北京：人民法院出版社，2003.

的《关于制定国民经济和社会发展计划和 2010 年远景目标纲要的建议》中，再次把生态环境问题作为未来 15 年必须高度重视和下大力气解决的关系全局的重大问题。以胡锦涛为核心的新一届领导，提出"科学发展观"，指出"人与自然和谐相处"是和谐社会的重要特征或基本特征，强调要加快建设资源节约型、环境友好型社会，坚持走新型工业化道路，保障经济社会发展实现良性循环。

2006 年 2 月 22 日，国家环保总局正式发布了中国环保领域第一部公众参与的规范性文件《环境影响评价公众参与暂行办法》，明确了公众参与环评工作的细节内容，标志着国务院《关于落实科学发展观加强环境保护的决定》中关于"健全社会监督机制"内容的实际执行。❶ 同年 4 月 17~18 日，在第六次全国环境保护大会上，时任国务院总理的温家宝同志提出："做好新形势下的环保工作，要加快实现三个转变：一是从重经济增长轻环境保护转变为保护环境与经济增长并重；二是从环境保护滞后于经济发展转变为环境保护和经济发展同步；三是从主要用行政办法保护环境转变为综合运用法律、经济、技术和必要的行政办法解决环境问题。"❷

《环境影响评价公众参与暂行办法》标志着公众参与在

---

❶ 陈德敏. 环境法原理专论 [M]. 北京：法律出版社，2008：115.

❷ 王蓉. 资源循环与共享的立法研究——以社会法视角和经济学方法 [M]. 北京：法律出版社，2006.

我国环境法的制定与环境保护的实践中前进了一大步，彰显我国政府着力推进公众参与环境保护的积极意图。但是，公众参与目前在我国还仅仅适用于环境影响评价，具有一定的局限性。❶ 近年来，我国由于环境保护公众参与制度的不完善，造成了多起因公众关注某些项目的环境影响而出现舆情危机的事例，如厦门 PX 项目、成都彭州化工厂项目等。❷ 因此，公众参与需更全面地贯穿于整个环境法领域，保证我国环境保护政策的落实以及环境保护事业的发展。

2015 年 9 月公布实施的《公众参与环境保护办法》从制度上对公众参与环保进行立法保护。但是，环境法上的公众参与制度涉及范围极广，尚存很多研究空白，学术界对这一领域的研究尚不能满足解决现实问题及立法的需要。我国目前关于公众参与的法律规定，主要体现在宪法与环境保护基本法、环境保护单行法、有关环境保护的行政法规、规章及政策性文件，以及其他相关法律规范之中。❸ 环境保护公众参与在立法和实践层面取得一定绩效，但尚存在诸多不足：从立法价值趋向考察，公众参与环境保护缺乏权利基础，立法指导思想滞后；从立法技术分析，公众参与环境保护的规定较为零散、抽象，缺乏系统性；从法

❶ 韩德培．陈汉光．环境保护法教程［M］．4 版．北京：法律出版社，2005.

❷ 罗杰·W. 芬德利，丹尼尔·A. 法伯．环境法概要［M］．杨广俊，译．北京：中国社会科学出版社，1997.

❸ 马骧聪．苏联东欧国家环境保护法［M］．北京：中国环境科学出版社，1990.

律制度的应然逻辑构成分析，公众参与环境保护法律制度不健全、不完善；从公众参与的路径分析，目前还是比较依赖政府的主导。为此，需要不断加以完善。

因此，对环境法公众参与制度的研究，不仅具有重要的学术价值，对完善我国环境法律制度而言，更有重要的实际价值。

1.2　国内外研究现状

环境法的公众参与，源于 20 世纪 60 年代以来日益高涨的环境保护浪潮和对环境问题的深层次认识，是在实践中不断发展总结出来的，是人类生存环境不断恶化以及环境保护意识不断增强的结果。

从 20 世纪五六十年代的提出，到后来国际社会因环境问题产生大量冲突和争议，其中取得的重要的理论成就与实践运用上的进展，是将公众参与与环境保护二者紧密结合在一起，即用公众参与理论构建法律框架与制度来解决环境问题。

历经多年，目前国际上基本就此达成共识，环境保护公众参与被写入国际宪章以及许多国家的环境法律、法规中。❶ 1972 年《人类环境宣言》和 1992 年《里约环境与发展宣言》等世界公约特别强调环境问题的公众参与，如《里约环境与发展宣言》强调："环境问题最好是在有关市民的参与下在有关级别上加以处理。在国家一级，每个人都应有权获得公共当局所持有的关于环境的资料……各国应通过提供资料来便于和鼓励公众的认识和参与，应让人人都能有效地使用司法和行政程序，包括补偿和补救程序。"❷

1.2.1　国外研究现状综述

国外学者就公众参与环境保护问题的研究起步较早，研究相对比较成熟，相继提出"环境公共财产论""环境公共信托论"和"公民环境权论"❸，为公众参与环境管理提供了理论依据。

1962 年，R. 卡逊《寂静的春天》的发表掀起了美国环境保护意识的浪潮。魏伊丝教授在《未来世代的公正：国

---

❶　JOHN WILEY. Environmental Impact Statements: A Practical Guide for Agencies, Citizens and Consultants, Inc [M]. 1996: 257-258.

❷　转引自杨柳青，赖家明，李希昆. 关于完善环境基本法中"公众参与"制度的思考 [C] //2007 年全国环境资源法学研讨会论文集. 2007: 509. 兰州，2007 年全国环境资源法学研讨会.

❸　李艳芳. 公众参与环境影响评价制度研究 [M]. 北京: 中国人民大学出版社，2004: 28.

际法、共同遗产、世代间公平》中从信托和公平理论入手，使人们从时间的角度认识了公民的环境权利和义务，促进了公众参与环境保护的热情。❶ 学者乔纳森（Jonathan）提出，环境保护的一种廉价和绿色的新方法就是引入公众参与，它是基于市场体制和产权而非中央计划和官僚控制的有效公平环境政策的获得途径，这将有助于改善环保及降低成本；他呼吁美国人必须确保先进的环境观，这样不会牺牲美国政府创造和要保护的个人自由。❷ 美国是最早将公众参与引入环境管理领域的国家，美国国会把公众参与看作对环境行政管理的重要补充，《美国国家环境政策法》（*National Environmental Policy Act*，NEPA）首创环境影响评价制度，一方面要求行政机关"充分公开"（full disclosure）其对人类环境有重大影响的决策活动的情报和资料；另一方面确认并保障公众对行政机关的有关活动的环境影响进行评价的权利。又如《美国清洁空气法》（*Clean Air Act*）等法规，为保障公众的环境管理参与权，专门设置了"公民诉讼""司法审查"等条款。❸

日本学者承认公众参与在环境保护领域的独特作用，认为环境法的最终课题是通过居民的参加，提供民主地选

❶ 魏伊丝．公平地对待未来人类：国际法、共同遗产与世代间衡平［M］．汪劲，王方，王鑫海，译．北京：法律出版社，2000：23.

❷ FREE. GREEN. A New Approach to Environmental Protection Jonathan H. Adler［J］. Harvard Journal of Law & Public Policy，2001：24.

❸ 卓光俊，杨天红．环境公众参与制度的正当性及制度价值分析［J］．吉林大学社会科学学报，2011（4）：147.

择环境价值的实现与其他基本人权的调和的法律结构，创造出能够把环境价值也考虑进来的谋求公民最大福利的社会制度。日本学者原田尚彦在其著作《日本环境法》中认为对于公害问题的解决和环境的保护应该在国民积极参与的前提下，发挥行政主导的积极作用。在加拿大，埃德尔（Elder）等学者于 1975 年在《环境管理与公众参与》（*Environmental Management and Public Participation*）文集中专门就加拿大及其各省的环境法规和执法作了较为全面的评价，重点对环境保护的公众参与机会作出了判断和评价。

从 20 世纪 80 年代开始，学者们的研究从理论转向实证。第一个研究焦点是从具体环境资源项目来研究公众参与的过程。如维勒（Thomas Webler）和图勒（Seth Tuler）依据哈贝马斯的公众参与交往行动理论，对森林管理决策过程的公众参与进行评价，并推理得出良好参与过程的判断标准。❶ 豪斯（Margaret A. House）对水资源管理的公众参与问题进行研究，提出"水问题的可持续性解决需要普通公众参与水管理过程"。❷

第二个研究焦点是从国家的视角来研究公众参与环境保护问题。❸ 斯蒂尔（Brent S. Steel）利用 1992 年美国国家

---

❶ WEBLER, TULER. Fairness and Competence in Citizen Participation: Theoretical Reflections from a Case Study. Administration Society, 2000 (32): 566-595.

❷ MARGARET. A. HOUSE. Citizen Participation in Water Management [J]. Wat. Sci. Tech., 1999 (40): 125-130.

❸ 高家伟. 欧洲环境法 [M]. 北京: 工商出版社, 2000: 129-130.

公众环境态度和行为研究数据，检验了环境意识和个体环保行为之间的关系，结果表明：意识强度同个体环保行为以及环境问题的政治积极性有关联；通过人口统计学分析，还发现妇女比男人更容易大量参与环境保护行为和政策问题，而且这种性别差异在年长者中表现更明显。❶ 卡拉森（Robert D. Klassen）和安格尔（Linda C. Angell）对 218 家美国及德国制造企业的"制造弹性"对环境管理的影响效果进行分析，说明美国和德国环境过程控制方面的差异。❷ 美国强调的是指挥、控制制造过程的监管，而德国的模式是最终产品处置的末端循环管理；厂商要衡量国家之间的分歧，然后利用总体规制灵活支持环境管理，因此，环境管理也要考虑跨越国际的背景。

还有一个研究重点是从公众参与主体的角度来考察参与效果。皮尔（Jacqueline Peel）专门对非政府组织（NGO）参与环境保护的效果进行研究。❸ 他检验了 NGO 迫使机构遵循环境法的机会，评估了增强 NGO 参与新的欧洲公约、公众参与决策过程和公平解决环境问题的可能性，认为

❶ BRENT S. STEEL. Thinking Globally and Acting Locally：Environmental Attitudes. Behavior and Activism ［J］. Journal of Environmental Management，1996（47）：27-36.

❷ ROBERT D. KLASSEN. LINDA C. ANGELL. An International comparison of environmental management in operations：the impact of manufacturing flexibility in the U. S. and Germany ［J］. Journal of Operations Management，1998（16）：177-194.

❸ 常纪文，陈明剑. 环境法总论 ［M］. 北京：中国时代经济出版社，2003：148.

"NGO 应该参与到欧洲法院、世贸组织与其他国际法庭的决策过程，为公众提供一个参与国际环境决策的有效声音。"❶

进入 20 世纪 90 年代，学者开始着眼于参与效果的评价，认为政府应采取何种模式、途径、政策支持等使公众参与更有效才是研究的关键。德里卡什（John W. Delicath）等人于 2004 年出版了《环境决策制定过程中的交流和公众参与》（Communication and Public Participation in Environmental Decision Making）一书，研究了美国及其他一些地方在有关制定环境决策中起作用的人的信息交流过程。❷ 这些人包括：对环境问题感兴趣的公民，如普通老百姓和一些社会上的利益集团；行业代表，如科学工作人员和技术专家；政府机关，如参与环境决策的联邦政府官员。❸ 还通过大案例研究了能够从决策机制上直接参与或通过舆论、呼吁等因素间接参与决策的个人和机构的行为，揭示了公众参与对制定环境决策的影响程度，以及公开参与在很大程度上受到决策者对这些问题和解决途径如何定性表述和决策者

❶ JACQUELINE PEEL. Giving the Public a Voice in the Protection of the Global Environment: Avenues for anticipation by NGOs in Dispute Resolution at the European Court of Justice and World Trade Organization [J]. Colorado Journal of International Environmental Law & Policy, 2001 (47): 115-120.

❷ JOHN W. DELICATH. MARIE-FRANCE AEPLI ELSENBEER. STEPHEN P. DEPOE. Communication and Public Participation in Environmental Decision Making [M]. New York: Albany. N. Y. State of University of New York Press, 2004: 5

❸ 曹明德，王京星. 我国环境税收制度的价值定位及改革方向 [J]. 法学评论，2006 (1).

信息交流的影响和限制。❶ 公众参与尽管没有找到具体的执行举措，但总可以找到一个最优的选择或是处理的案例。

由此可见，国外对环境保护公众参与的研究，大致经历了从参与的提出到对参与过程的评价，进而对参与效果进行反思三个阶段：

第一阶段（20 世纪五六十年代到 70 年代末），公众参与思想的提出及在环境保护领域里的运用，主要是公众参与被引入到环境管理与环境冲突的解决中。这一阶段的学术研究多是以理论研究为主，也有少量的案例分析。❷ 早期公众参与环境管理的实践主要应用在环境影响评价（EIA）领域，之后公众参与在环境领域里的研究与应用不断向广度和深度拓展。

第二阶段（20 世纪 80 年代到 90 年代末），公众参与过程的评价。这一阶段的研究多采用实证和案例分析的方法，主要是对公众参与的评价进行研究，包括评价指标的设计、参与过程的公平性、案例的分析、参与过程的分解和评价等内容。在研究视角和研究内容上都比前一阶段更加深入和具体，包括国别差异的体现、环境资源具体项目的差别、参与主体差异等。此外还有大量的文献专门对环境影响评价的效果进行定量分析，包括评价指标的设计，定量的评

---

❶ 田良. 论环境影响评价中公众参与的主体、内容和方法 [J]. 兰州大学学报：社会科学版，2005（5）.

❷ 周珂，王小龙. 环境影响评价中的公众参与 [J]. 甘肃政法学院学报，2004（3）.

价方法等的研究。

第三阶段（20世纪90年代末至今），反思公众参与的效果。在第二阶段实证研究与量化研究的基础上，学者们重新对这种"公众参与"理论与效果进行反思。他们不仅仅研究参与的过程和参与的公平问题，更多的是重新思考该不该引入参与到决策中来的问题。原因在于前一阶段大量的实证研究结果集中在对参与效果的评价上，很多结论显示参与增加了决策的成本，不如"政策"对解决环境问题更为有效。❶ 但反对的呼声并没有阻止公众参与环境保护的实践进程，它只是提示人们思考如何使参与更加有效。❷ 政府是环境管理的主导，而公众参与是很重要的可持续要素，这一点既然已经达成一致共识，那么，究竟应该采取何种参与模式、参与途径或是政策支持能够使参与的结果更加有效，这才是问题的关键，也是最近一时期研究所关注的热点问题。

总之，国外学者对公众参与的研究首先集中于基本理论的提出，而后逐步开展大量的实证研究，对公众参与环境的现状、影响公众参与的因素以及针对国别进行整体介绍和比较研究，诸如参与公平性的判断、公众参与的评价原则、参与模式的选择、国际NGO的参与案例等，反思究

---

❶ 高金龙，徐丽媛. 中外公众参与环境保护立法比较 ［J］. 江西社会科学，2004（3）.

❷ 黄桂琴. 论环境保护的公众参与 ［J］. 河北法学，2004（1）：57.

竟应该采取何种公众参与的模式以及参与途径才能够使参与的结果更加有效，不断拓展着环境保护公众参与研究的视角和深度。❶ 从 1950 年公众参与理论的提出，历经多年政府间的国际协调，基本上已经达成共识，公众参与环境管理模式被写入国际环保宪章以及各国环境管理的法规中。

1.2.2 国内研究现状综述

无论是在环境经济学领域的环境政策研究方向，还是在环境管理领域的协作环境管理理论的研究中，公众参与的思想理念和管理模式都已纳入其中，这是该领域学术界一致认可的主流观点，而且早已被许多国家写入各种法律法规中。❷ 然而，参与式管理思路引入我国也不过十多年的时间，正式被写入法律不过 6 年多，短时间之内难以形成也不可能形成较为深入细致的研究成果。尽管如此，近年来，我国学者对公众参与环境保护制度的研究投入很大热情。国内学者的研究吸收国外公众参与环境保护理论研究的最新成果，结合我国身处转型期的特点，在理论和实证研究方面进行积极尝试。

国内的早期研究，将公众参与作为一种管理原则引入

---

❶ 杨振东，王海青. 浅析环境保护公众参与制度 [J]. 山东环境，2001 (5).

❷ 王灿发. 论我国环境管理体制立法存在的问题及其完善途径 [J]. 政法论坛，2003 (4).

环境学领域，多是从公共管理或是哲学角度入手进行浅层次一般性的研究，主要论证公众参与所具有的民主功能和监督功能，目的在于引起公众对环境领域参与的关注。

此后，研究逐步深入，开始涉及市场消费主体的环保行为分析、公众参与渠道分析、公众参与现状的实证调查分析、工程项目建设中的公众参与等多方面、多领域的内容，研究方法更多地采用实证分析、案例分析的方法，研究视角更多地从经济学、管理学的角度入手。[1] 这些研究，告诉人们环境保护"为什么"需要公众参与，或是说公众参与的重大意义；对如何参与、参与的效果以及为什么不参与的原因少有研究，致使许多环保政策只能流于形式却很难被公众执行。[2]

20 世纪 90 年代，陈焕章提出政府干预和公众参与相结合的原则是环境管理组织实施的一条基本原则。[3] 普及环境意识，引导人们自觉支持和维护有关保护环境的政策、法律，把环境管理方面的要求变成人们自觉遵守的道德规范，是实施环境管理的根本和基础。[4] 叶文虎提出公众参与是解释和传播环境影响信息的流行方法。[5] 杨贤智提出应发挥群

---

[1] 周汉华. 外国政府信息公开制度比较 [M]. 北京：法律出版社，2003.

[2] 马燕，焦跃辉. 论环境知情权 [J]. 当代法学，2003 (9).

[3] 田良. 论环境影响评价中公众参与的主体、内容和方法 [J]. 兰州大学学报：社会科学版，2005 (5).

[4] 陈焕章. 实用环境管理学 [M]. 武汉：武汉大学出版社，1972.

[5] 叶文虎，栾胜基. 环境质量评价学 [M]. 北京：高等教育出版社，1994.

17

1 绪论

众在环境监督检查中的作用。❶ 进入 21 世纪，游中川提出在"政府失灵"和"市场失灵"的条件下，公众参与机制是环境法实施机制的必然选择，可以利用环保群众运动去克服外部困难。❷ 对于 2002 年颁布实施的《环境影响评价法》，汪劲提出"无公众参与无影响评价"；❸ 张晓磊从比较环境行政法的角度，论述我国环境影响评价制度中公众参与问题的不足和努力方向。❹ 李艳琴提出环境影响评价中的公众参与在世界各国和国际社会得到普遍推行，它可以使公众了解规划或建设项目可能引起的重大的、潜在的环境问题，增强规划和建设项目环评的合理性和社会可接受性，从而有利于最大限度地发挥规划或建设项目的综合和长远效益。❺ 针对我国的非政府环保组织，宋言奇认为环境管理是一个系统工程，NGO 参与是其中重要的一环。它应成为政府管理环境的辅助机构，是企业与商业的监督者和合作者，是政府与民众沟通的桥梁。❻ 肖晓春认为民间环保组织在公众环境法律意识的培养方面发挥着非常重要的作用，

❶ 杨贤智. 环境管理学 [M]. 北京：高等教育出版社，1990.

❷ 游中川. 环境保护公众参与法律制度研究 [D]. 重庆：西南政法大学，2006.

❸ 汪劲. 环境法学 [M]. 北京：北京大学出版社，2006.

❹ 张晓磊. 环境影响评价制度中的公众参与问题研究——比较行政法的视角 [D]. 济南：山东大学，2007.

❺ 李艳琴. 我国环境影响评价中公众参与有效性问题研究 [D]. 济南：山东大学，2007.

❻ 宋言奇. 非政府组织参与环境管理：理论与方式探讨 [J]. 自然辩证法研究，2006（5）.

有助于为环境法治的发展构建稳固的社会思想基础。民间环保组织通过检举、公益诉讼等方式促进环境法律的实施，有助于弥补环境法律公共实施的不足。民间环保组织作为组织化的社会力量，通过参与政府环境决策、意见表达等方式，实现对国家环境权力的制约。❶作为社会中间层，民间环保组织通过群体间的共识、参与和主动精神，建立公众相互之间的信任、互利关系，能有效协调环境利益冲突。❷

　　李艳芳在其著作《公众参与环境影响评价制度研究》中探讨环境影响评价的公众参与问题，从公众参与环境影响评价的权利基础、对象、主体以及阶段和范围作了详细的解析，对环境保护领域的公众参与作了拓展性研究。❸中国社会科学院环境与发展研究中心主编的《中国环境与发展评论（第三卷）》对环境保护与公众参与的问题，特别是中国环境NGO等进行了深入的分析和坦率的评论。王锡锌在其《公众参与和中国新公共运动的兴起》一书中阐述规划环评与公众参与的互动。王凤在其《公众参与环保行为机理研究》一书中，评述国内外公众参与环境保护领域相关理论和实证研究文献，并在此基础上沿袭"参与式"

---

　　❶ 高金龙，徐丽媛．中外公众参与环境保护立法比较［J］．江西社会科学，2004（3）．
　　❷ 肖晓春．法治视野中的民间环保组织研究［D］．长沙：湖南大学，2007.
　　❸ 李艳芳．公众参与环境影响评价制度研究［M］．北京：中国人民大学出版社，2004：28.

管理思想的精髓，提出公众参与环境保护行为的理论框架，较为详细地阐释个体公众环保参与行为的生成机理以及群体公众环保参与行为差异存在的根源。李挚萍《环境法的新发展——管制与民主的互动》、陈德敏《环境法原理专论》、黄锡生《环境资源法前沿问题研究》、蔡守秋《环境资源法学》、汪劲《中外环境影响评价制度比较研究》、吕忠梅《超越与保守：可持续发展视野下的环境法创新》《环境法新视野》、周训芳《环境权论》、陈泉生《环境法原理》等也都涉及环境保护中的公众参与制度，并推进了我国环境保护公众参与制度的进一步深入研究。

总之，国内学者的研究经历了从最初将公众参与制度和一些基本理论引入我国环境法的研究之中，到后来许多学者作了更多的理论研究与尝试，并试图构建适合我国国情的环境保护公众参与制度以及相关的配套政策研究的过程。❶《环境影响评价法》的颁布以及 2006 年 2 月 22 日国家环保总局正式发布了中国环保领域第一部公众参与的规范性文件《环境影响评价公众参与暂行办法》，标志着公众参与在我国环境保护的研究中已经取得初步的成绩。

但是与国外研究相比，我国的研究不仅起步晚、时间短、范围窄，研究深度也不够。尽管近年来出现了许多关于环境保护的公众参与研究成果，但多数仍然是一般介绍

---

❶ 曹明德，王京星. 我国环境税收制度的价值定位及改革方向 [J]. 法学评论，2006（1）.

性研究，存在许多问题。在理论研究方面缺少对公众参与环境保护内在价值以及参与模式的深入研究和分析，对我国环境保护公众参与主体、范围、方式等许多方面尚没有明确定论，对如何完善公众参与法律体系缺乏系统说明，尤其对公众参与立法思路、程序规则缺少具体设计，因此还有待进一步完善和丰富。

1.2.3 环境法中公众参与制度有关国内外研究最新进展与展望

1.2.3.1 环境法中公众参与制度的定义和范围

界定环境法中公众参与制度的内涵和范围是研究这一领域的基础，不同的界定会导致不同的研究思路和不同的制度构想。

托马斯·迪茨（Thomas Dietz）等将环境法中的公众参与定义为，由选举出的官员、政府机构、其他公共或私人组织使公众从事环境评估、计划、决策、管理、监督和评价。吕忠梅将环境法中的公众参与制度定义为，是公众及其代表根据国家环境法律赋予的权利参与环境保护的制度，是政府或环保行政主管部门依靠公众的智慧和力量，制定环境政策、法律、法规，确定开发建设项目的制度。还有学者认为，环境法中的公众参与制度，是指在环境保护领域里，公民有权通过一定的程序与途径参与一切与环境利益相关的决策活动，使得该项决策符合广大人民的切身利益。

除了定义环境法中的公众参与，更多学者从环境保护、环境影响评价等角度定义公众参与。❶ 魏莲将环境影响评价中的公众参与定义为，是指项目方通过环评工作同公众之间的一种双向交流，其目的是使项目能被公众充分认可，尤其是可能被项目影响的公众，并提高项目的环境和经济效益。❷ 王鹏祥将环境保护公众参与制度定义为："环境保护公众参与是指在环境保护领域里，公民有权通过一定的程序或途径，参与一切与环境利益相关的决策活动，从而保证该项决策符合公众切身利益的一项制度。"❸

冯（Fung）认为公众参与包括三个方面：谁参与，参与者怎样相互联系和共同做出决策，以及商议与政策和行动如何连接。托马斯·迪茨则将公众参与分为 5 个部分：❹ 参与主体、参与时机、参与程度、参与者权限、参与过程的目标。有学者认为，公众参与的内容应包括预案参与、过程参与、末端参与、行为参与。也有学者认为，公众参与机制应包括知情机制、表达机制、监督机制、诉讼机制等。还有学者从法律实施活动的不同阶段，把公众参与分

---

❶ 马燕，焦跃辉. 论环境知情权 [J]. 当代法学，2003（9）.

❷ 常纪文，陈明剑. 环境法总论 [M]. 北京：中国时代经济出版社，2003：148.

❸ 周汉华. 外国政府信息公开制度比较 [M]. 北京：法律出版社，2003.

❹ 徐祥民，田其云，等. 环境权环境法学的基础研究 [M]. 北京：北京大学出版社，2004.

为立法参与、行政参与、司法参与等。

从以上各种观点来看，目前国内外对于环境法中的公众参与制度的定义和其包含的内容尚未达成共识。对于公众参与制度的内容，国外学者多从公众参与这一角度划分，而国内学者从环境法的角度出发来划分，导致国内与国外对公众参与具体制度包含内容的理解存在较大分歧，这也限制了对环境法中公众参与制度研究的体系化。

1.2.3.2　环境法中公众参与制度的理论和法理依据

国外学者指出环境法中公众参与制度的主要理论依据为公共信托理论与环境权理论。前者源于罗马法，基本含义是，空气、水、河流及其他自然资源本质上属于公民的共同财产，应基于公共利益之目的由政府或其他组织以信托的形式加以管理和利用。公民和政府之间形成一种信托关系，公民作为委托人把有关环境资源管理、使用的权利授予政府，政府必须履行有关受托人的义务，在基于社会公益的前提下合理地处置、使用这些公共财产。因此，为了确保政府更好地履行受托人的义务，公众参与环境保护就是必要的。❶ 而环境权则指公民享有在良好的环境下生活的权利；环境权是一种法律上的合法权利；环境权可以通过公众参与法律机制以及诉讼机制得以保障和实施；环境

---

❶ 周珂、王小龙. 环境影响评价中的公众参与［J］. 甘肃政法学院学报，2004（3）.

权应当成为构建环境法制的根基。

也有学者认为除了公共信托理论和环境权理论，"环境公共财产论"是公众参与概念的理论基石。[1] 因为环境是共有的资源，为了使环境公平有效的利用，公众将环境资源委托给行政部门保管，当行政部门要支配使用时，为了防止行政部门滥用委托权，公众对"自己"的物品当然有发表意见的权利，可以说"公共委托论"是基于"环境公共财产论"而来的，如果没有环境是公众所共有的物品这个大前提，又何论"公共委托"呢？"公民环境权"是从环境私益角度来论证的，"它（公民环境权）使人人都享有对环境的利用和保护发表自己的意见提供了理论依据。因此，三种理论构架成公众参与和传统行政法原则之间合理化的坚固桥梁"。[2]

斯特林（Stirling）在 2008 年对环境法的公众参与制度理论基础进行了新的阐释，将公共委托与环境权理论进行融合，他指出："环境决策总是既包含了公共利益也包含了私人利益，环境决策一般由政府权威来支持，因而环境政策必然涉及社会中的权力关系。这种权力关系塑造了环境政策，而环境政策也反过来重新塑造了权力。"[3]

我国学者指出了我国环境中公众参与制度的现实社会

[1] 赵正群. 得知权理念及其在我国的初步实践 [J]. 中国法学，2001 (3)：50.

[2] 黄桂琴. 论环境保护的公众参与 [J]. 河北法学，2004 (1)：57.

[3] 周珂. 环境法学研究 [M]. 北京：中国人民出版社，2008：96.

基础，包括政府职能的转换为公众参与环境管理提供了契机，环境危机背景下公众环境意识的觉醒，环境保护非政府组织等；认为我国环境法中的公众参与制度已有现实法律依据，除宪法中明确规定一切权利属于人民外，在中国有关环境与资源保护的法律法规中已有关于公众参与的相关规定。❶ 如《环境保护法》规定："一切单位和个人都有保护环境的义务，并有权对污染和破坏环境的单位和个人进行检举和控告""对保护和改善环境有显著成绩的单位和个人，由人民政府给予奖励"；《国务院关于环境保护若干问题的决定》中规定："建立公众参与机制，发挥社会团体的作用，鼓励公众参与环境保护工作，检举和揭发各种违反环境保护法律法规的行为"。《国务院关于落实科学发展观加强环境保护的决定》中明确要求："对涉及公众环境权益的发展规划和建设项目，要通过听证会、论证会或社会公示等形式，听取公众意见，强化社会监督。"❷ 2006 年公布实施的《环境影响评价公众参与暂行办法》可谓中国环保领域第一部公众参与的规范性文件。❸ 2015 年 9 月公布实施的《公众参与环境保护办法》从制度上对公众参与环保进行立法保护；另外，《环境影响评价法》《清洁生产促进

---

❶ 田良. 论环境影响评价中公众参与的主体、内容和方法 [J]. 兰州大学学报：社会科学版，2005（5）.

❷ 王灿发. 论我国环境管理体制立法存在的问题及其完善途径 [J]. 政法论坛，2003（4）.

❸ 常纪文，陈明剑. 环境法总论 [M]. 北京：中国时代经济出版社，2003：148.

法》等各项法律对公众的健康权、知情权、检举权、参与权均作出了一些规定。

从以上观点来看，我国学者对于环境法中公众参与制度的理论与现实依据的观点，大多数从国外移植过来，以介绍性的阐述居多，而且没有将各种理论观点系统融合成一个理论体系，❶ 还没有形成适合我国的环境法中公众参与制度的基础理论。

国内学者在为环境法中的公众参与制度寻找理论依据，指出公众参与制度重要价值的同时却缺少对公众参与制度的反思。而国外学者近年来则开始反思环境法中的公众参与制度。如一些国外学者开始反思，让普通公众参与到需要科学决策的环境保护中是否恰当。❷ Nancy Perkins Spyke 指出公众参与制度本身也有缺陷，因为公众参与的重点在于个人和直接接触决策者，这与集体主义理论和共和制相矛盾。而且破坏了以效率、专业和控制这些行政管理的目标。❸ 根据成本与时间，公众参与是低效率的，而且会导致决策者出台一个被大多数人理解的解决方案，因为决策者要努力使其适应尽可能多的观点。❹ 更多学者则从是否实用

❶ 曹明德，王京星. 我国环境税收制度的价值定位及改革方向 [J]. 法学评论，2006 (1).

❷ 周珂，王小龙. 环境影响评价中的公众参与 [J]. 甘肃政法学院学报，2004 (3).

❸ 杨振东，王海青. 浅析环境保护公众参与制度 [J]. 山东环境，2001 (5).

❹ 曲格平. 环境保护知识读本 [M]. 北京：红旗出版社，1999：278.

的观点批评了公众参与制度，批评者担忧公众参与在实际上达不到理论上那些崇高的目标，而且在实际上可能会阻止良好决策的形成。❶ 他们的主要依据在于：公众参与的成本不能被收益证明是正当的；公众缺乏分析复杂问题的基本素质，而那正是良好的环境评估和决策所需要的；而且参与过程和结果往往并不公正。

因此，对于我国学者而言，除了将环境法中公众参与制度理论系统化，还要从法经济学等角度分析公众参与制度的社会成本与收益，反思公众参与制度的局限，并从理论和制度上找到突破环境法中公众参与制度局限的方法。

1.2.3.3 环境法中公众参与具体制度的研究

在环境法公众参与具体制度的研究上，我国学者指出环境法中的公众参与法律制度的应然逻辑构成应当包括环境信息知情制度、环境立法参与制度、环境行政参与制度、环境司法参与制度，以及出于保障上述制度实施的程序保障制度。❷ 环境信息知情制度包括两方面：一是确认公众环境信息知情（或政府和企业环境信息公开）的范围。二是环境信息知情的保障机制。环境立法参与制度包括：一是公众通过选举人大代表提出立法动议，参与相关环境立法

---

❶ 田良. 论环境影响评价中公众参与的主体、内容和方法 [J]. 兰州大学学报：社会科学版，2005（5）.

❷ 马燕，焦跃辉. 论环境知情权 [J]. 当代法学，2003（9）.

活动，间接参与立法；二是在立法机关将相关环境立法草案向社会公开征求意见时，公众通过听证会、论证会、座谈会等方式对法规草案提出自己的意见和建议，从而直接行使环境立法参与权。环境行政参与制度包括环境行政决策参与与环境行政执法参与。环境司法参与主要是指公众对环境诉讼（包括环境行政诉讼、环境民事诉讼和环境刑事诉讼）的提起、参加及对诉讼结果的执行。❶还有不少学者指出了完善我国环境法中公众参与制度的途径。例如，有学者指出，"可以从将公众参与制度化、鼓励非政府组织参与、建立公众参与渠道问责机制、引入公益诉讼机制等几个方面完善我国环境法中的公众参与制度"。❷

也有学者指出从 3 个方面完善公众参与制度："第一，加强人大、政协、民主党派的作用，同时加大公众监督力度，以督促各级政府依法行政。第二，确立公民环境权，保障公民知情权，建立公民表达机制，健全公民监督机制，完善公民诉讼机制。第三，引导和开发公众参与环境管理的热情和信心，提高公众参与环境保护的意识，支持发展环保 NGO，让公众参与走上组织途径。还有学者从建立公众环境知情权保障机制、拓展公众参与途径、建立环境公益诉讼 3 个方面给出了完善我国环境法中公众参与制度的具

---

❶ 徐祥民，田其云，等．环境权环境法学的基础研究［M］．北京：北京大学出版社，2004.

❷ 肖晓春．法治视野中的民间环保组织研究［D］．湖南：湖南大学，2007：56.

体建议。"❶

　　还有学者专门研究了环境公益诉讼问题，认为环境公益诉讼包括：一是环境民事公益诉讼，指针对有关民事主体污染和破坏环境的行为，在损害环境公共利益的情形下，由社会个体成员提起的诉讼，在诉讼过程中适用民事诉讼法的规定。二是环境行政公益诉讼，是由作为行政管理间接相对人和环境受害人的社会成员提起的，针对政府行动、计划以及政府环境行政行为中的违反有关环境法律法规，损害环境公共利益为由提起的诉讼。他们指出环境公益诉讼原告必须满足两个条件：第一，起诉人必须证明他是有资格对政府或私人的破坏环境与资源的行为提出指控的合适的人，即他必须具备原告资格；第二，被起诉的环境行为是否属于法院可以审查的范围，在我国即人民法院的（行政或民事诉讼）受案范围。最后指出行政机关、检查机关、公民个人和社团组织均应可为我国环境公益诉讼中的原告。

　　相比之下，国外对于环境法中公众参与制度的研究更加深入和广泛。2008 年，由美国研究委员会主导在托马斯·迪茨和 Paul C. Stern 领导的委员会主编的报告中对美国国内与国外环境评估与决策中的公众参与理论研究与实践进行系统的总结，指出公众参与制度在环境评估与决策中

---

❶ 赵正群．得知权理念及其在我国的初步实践 ［J］．中国法学，2001（3）：55．

是"无价"的，并着重分析公众参与的效果与公众参与如何施行。❶ 不过该专著虽然提及公众参与制度的负面影响，例如低效率、有可能带来错误决策，但是缺少对负面效果及其规避的深入研究。

国外学者对于环境法中公众参与制度的研究不仅仅局限在公众如何参与国内环境立法和管理上，也转向研究公众如何参与环境国际条约的执行上。Mark R. Goldschmidt 提出了一个国内公众参与国际环境条约的模型，并分析 3 种策略：第一种策略是阳光策略，即监督、报告获取信息、非政府组织参与；第二种策略是合理使用正面激励策略引导相关国家通过一项条约；第三种策略是使用一些强硬手段促使一些国家屈服（即签订或者遵守国际环境条约）。Nancy Perkins Spyke 则详细分析环境法中公众参与制度的弱点，进而指出公众参与程序如果独立实行的话将难以达到其应有的目标。❷ 他们必须与其他制度和手段协同实行才有效。Sean T. McAllister 专门分析了欧盟条约中关于环境法公众参与的的制度，包括对环境信息的获取、公众参与环境决策、建立司法和行政机制来救济环境侵权。William A. Tilleman 则对美国、欧盟、加拿大三者环境评估中的公众参与制度进行比较研究。Jennifer L. Seidenberg 专门研究

---

❶ 赵正群. 得知权理念及其在我国的初步实践 [J]. 中国法学，2001 (3)：50.

❷ 常纪文，陈明剑. 环境法总论 [M]. 北京：中国时代经济出版社，2003：148.

《美国清洁水法》（*Clean Water Act*）中的公众参与制度及相关案例，指出政府和法庭不应将公众参与视为实施《美国清洁水法》的障碍。

综上所述，环境法上的公众参与制度涉及内容极广，很多方面都有待于展开全面、深入研究。例如，近年来由于公众参与制度的不完善，出现了多起因公众关注一些项目的环境影响而出现的舆情危机，如厦门 PX 项目、成都彭州化工厂项目。将公众参与制度与化解舆情危机结合起来，在理论与制度层面都有重要研究价值。

公众参与制度亦非万能的，它也会失灵或者有负面影响，如何消除其负面因素，也是值得研究的课题。公众参与制度与一国政治体制与司法制度密切相关，因此，美国等国的公众参与制度并不一定完全适合我国，探索一条适合我国国情的公众参与制度也是需要迫切研究的课题之一。❶

此外，研究不够深入，缺少系统、深层次的研究，缺少权威性的论著。国内在权威法学刊物上刊载的有关环境法公众参与制度的论文较少，反映了国内环境保护公众参与制度的状况。

---

❶ 周汉华. 外国政府信息公开制度比较 [M]. 北京：法律出版社，2003.

1.3 本书研究的目标、内容和研究方法

1.3.1 研究的目标

公众参与，是解决环境问题的一种主流，也是正在被积极实施的一项机制。但国内有关环境保护公众参与制度的研究尚处于起步阶段。

为此，本书将在结合我国具体国情、社会现状的基础上，借鉴国外研究成果、分析国内已有研究文献，针对完善我国环境保护公众参与制度这一核心问题，结合我国环境保护公众参与的具体实践，探讨构建我国环境保护公众参与制度的策略、方法与途径，力图构建环境保护公众参与法律制度的基本框架，以便为政府有关机构和环保部门提供切实有效的、提升环境保护公众参与水平的举措，以实现更广泛的公众参与来保障我国环境保护事业的发展，推进我国环境保护公众参与制度的完善。❶

1.3.2 研究的主要内容

本书共分为 6 个部分：

---

❶ 余晓私. 日本环境管理中的公众参与机制 [J]. 现代日本经济, 2002 (6).

第一部分：绪论。

第二部分：环境保护公众参与的一般理论。这部分主要就环境保护公众参与的概念厘定、环境保护公众参与的主体、环境保护公众参与的范围、环境保护公众参与的途径、环境保护公众参与的价值目标、环境保护公众参与的特点、建立环境保护公众参与制度的意义、环境保护公众参与制度的内容这8个问题进行阐述。

第三部分：考察和借鉴国外环境保护公众参与制度。

第四部分：论述环境保护公众参与的理论与现实基础。在环境保护与公众参与制度的理论基础方面，就环境保护公众参与的经济学基础以及环境保护公众参与的法理学基础进行阐述；在环境保护公众参与的现实基础方面，就公众参与的民众基础以及公众参与的组织基础进行分析。

第五部分：研究我国环境保护公众参与制度的现状及缺陷。我国环境保护公众参与制度的现状方面，在环境保护公众参与范围的制度现状、环境保护公众参与主体的制度现状、环境信息公开制度的现状、环境立法参与制度的现状、环境行政参与制度的现状、环境司法参与制度——环境公益诉讼制度的现状6个方面进行阐述。在我国环境保护公众参与制度的缺陷方面，就环境保护公众参与范围的缺陷、环境保护公众参与主体的缺陷、环境信息公开制度的缺陷、环境立法参与制度的缺陷、环境行政参与制度的缺陷、环境司法参与制度的缺陷进行分析。

第六部分：针对上一部分提出的我国环境保护公众参

与制度的现状及缺陷，分别从各个方面阐述完善我国环境保护公众参与的各项具体对策措施，这部分是本书的重点。

1.3.3　研究方法

本书在评述国内外环境保护公众参与理论与实践的基础上，借助多种研究方法，研究环境保护公众参与的发展历程、理论建构、制度框架、影响效果，以期提出针对性的对策建议。❶

本书首先从法经济学和宪政角度入手，对公众参与的理论基础及其引进环境保护领域的必要性展开分析。其次运用比较研究方法，对美国、日本、加拿大等国家的环境保护公众参与制度进行研究，在差异比较的基础上反思我国环境保护公众参与制度的不足。最后针对完善我国环境保护公众参与制度这一核心问题，结合我国环境保护公众参与的具体实践，综合运用环境哲学、环境政治学、环境经济学、环境管理学、环境心理学、环境社会学等学科的相关知识，采用理论研究与比较研究相结合、演绎分析与归纳分析相结合的研究范式，将法学、经济学以及政治学研究方法紧密结合起来，将环境法与环境管理、环境政策相结合开展研究，力图构建环境保护公众参与法律制度的

---

❶　王灿发．论我国环境管理体制立法存在的问题及其完善途径［J］．政法论坛，2003（4）.

基本框架，包括概念、功能、特点、途径、模式等一系列基本理论问题，探讨构建我国环境保护公众参与制度的策略、方法与途径。❶

1.4　研究的创新之处

本书的创新之处主要体现在：

（1）在方法上采用比较分析方法、经济分析方法、价值分析方法、实证分析方法以及系统分析方法进行深入系统的研究，综合运用社会调查和文献研究方法；采用多元化的研究视角，综合运用法学和法经济学的基本原理，并结合经济学、社会学、政治学、管理学等多学科的相关知识，多学科、多视角的进行交叉研究。

（2）在视角的选择上选择宪政分析来探讨环境保护的公众参与的理论基础，寻找公众参与的宪法依据，并结合公民环境权的基本理论构筑环境保护公众参与制度的理论基础。

（3）运用法经济学的基本理论，对环境保护的公众参与制度进行成本分析和效益分析，从经济学角度探讨公众参与是否符合成本和效益原则，从而确定环境保护的公众参与在环境保护问题上具有其合理性和可行性，从经济学角度寻找理论基础。

---

❶ 周珂，王小龙．环境影响评价中的公众参与 [J]．甘肃政法学院学报，2004（3）．

2

环境保护公众参与的一般理论

2.1 环境保护公众参与的概念厘定

2.1.1 公众参与的涵义

2.1.1.1 公众参与的界定

"公众"通常是指具有共同的利益基础、共同的兴趣或关注某些共同问题的社会大众或群体。由于"公众"的外延和内涵具有不确定性，常常因人们使用的时间和地点的不同而有不同的含义。虽然"公众"往往是作为普通生活用语来使用，但随着政治经济的不断发展和社会生活的多样化，"公众"一词的适用范围也在不断扩大，甚至在以准确严谨著称的法律条文中也开始显现。

"参与"是指一个过程,通过这一过程,利益相关者可以共同影响并控制发展的导向、决策权和他们所控制的资源。❶还有学者将参与定义为某项事物决策的介入、咨询,而并不是决策本身。参与是一种外部力量向内部力量渗透的过程,参与主体通过影响内部的意志,从而使内部的决定有利于外部的一种形式。

公众参与(Public Participation)由"公众"和"参与"两个概念组成,结合前面对其的理解,可以把公众参与定义为指具有共同利益和兴趣的社会群体对政府设计公共利益事务的决策的介入,或者提出意见和建议的活动。Swell和Coppock认为:公众参与是通过一系列的正规及非正规的机制直接使公众介入决策。❷ Pearse和Stiefel认为:"公众参与是人们在给定的社会背景下为了增加对资源及管理部门的控制而进行的有计划的、有组织的努力,他们曾经是被排除在资源及管理部门控制之外的群体。"❸它由参与主体、参与对象和参与方式三个要素构成。❹

---

❶ 世界银行技术文件(第139号)[G] //环境评价资料.北京:国家环境保护局,1993.

❷ SWELL. COPPOCK. CHAMBERS ROBERT. Participatory Rural Development: analysis of experience [J]. World Envelopment, 1994, 22 (9).

❸ Friedmann J.Empowerment: The Polities of Alternative Development[J].MA. Blackwell. Cambridge, 1992.

❹ 刘红梅、王克强、郑策.公众参与环境保护研究综述 [J].甘肃社会科学,2006 (4):82.

参与的主体，即谁能够参与。公众参与的主体是公众，可以是公民，也可以是不具有一国公民资格的人，还可以是法人，只要涉及的问题与公众利益相关，公众就可以参与。❶ 通常公众不包括政府官员。

参与的对象，是指公众可以对哪些社会事务发表意见。"通常是对由国家和政府承担的、与公共利益密切相关的社会公共事务的参与，如社会保障、公共卫生和环境保护等"❷。

参与的方式，即如何参与，主要有听证会、座谈会、咨询等。

2.1.1.2 公众参与的形成与发展

公众参与并非是法学中独有的概念，它在社会学、经济学、政治学等多种社会科学中均有所体现。由于其外延及内涵的广泛性和复杂性，不同的主体在不同的环境里使用它，决定了其不同的含义。因此，学术界目前对公众参与一词的概念尚没有统一的标准和界定。

公众参与制度最早形成于公元前6世纪至公元前4世纪古希腊雅典的公民大会。当今，立法中实施公众参与制度已经被看作一国民主政治的重要表现形式和基本特征。现代民主行政语境下的公众参与，是指政府及其机构之外的个人或社会组织，通过一系列正式或非正式的途径，直接

---

❶ 周汉华. 外国政府信息公开制度比较 [M]. 北京：法律出版社，2003.

❷ 马燕，焦跃辉. 论环境知情权 [J]. 当代法学，2003 (9).

参与政府公共决策的制定和执行过程，从而影响公共决策，维护公共利益的行为。公众参与是现代民主行政的重要方式，对于提高行政决策的科学性，促进民主政治进程有着重要意义。环境保护公众参与制度是民主行政在环境保护领域的延伸。因此，剖析民主行政公众参与的基本涵义及其发展趋势，是探究环境保护公众参与制度的理论起点。

民主理论的主流学派认为，民主行政要求行政权的运作需要各方合力来完成，参与是民主的基础。现代行政是民主行政，本质上以民主宪政为基石，强调追求人民主权、公民权利、人格尊严、社会公正与社会责任等，强调公民参与行政的过程。在现代西方颇有影响的若干民主理论中，无论参与民主理论、精英民主理论和多元民主理论，还是有关政治发展的理论，都不可避免地涉及公众参与的一般性理论分析。❶ 亨廷顿在研究政治发展的过程及其影响政治发展的相关因素时，就把公众参与视为影响政治发展的重要变量，并把公众参与的程度和规模作为衡量一个社会政治现代化程度的重要尺度。多元民主论的代表人物罗伯特·达尔在论述什么是"民主"时，提出了民主的五项标准，其中第一项标准就是"有效的参与"。❷ 现代民主通过扩大公民直接参与、分散权力中心，旨在达到控制公共权

---

❶ 常纪文，陈明剑．环境法总论［M］．北京：中国时代经济出版社，2003：148．

❷ 高金龙，徐丽媛．中外公众参与环境保护立法比较［J］．江西社会科学，2004（3）．

力、维护公共利益的目的。❶ 公众参与式管理模式，最早出现在企业管理的行为科学领域，研究者提出员工参与式管理，并将其运用在企业内部的小规模组织领域，期望通过员工参与管理的方法激励企业员工，提高决策接受度并灌输组织目标。

20 世纪 70 年代末开始，西方国家纷纷兴起政府治道变革的浪潮，虽然各国所采取的措施不尽相同，但却有着共同的本质特征，即重新定位政府职能，把政府主要职能界定为"掌舵"而不是"划桨"；强调政府职能由管理向服务转变，以实现公共权力的社会化和公共利益的最大化；重新调整政府与市场的关系，倡导市场价值的回归，缩小政府规模；重新调整政府与社会之间的关系，还权于社会，与公民社会合作治理，政治权力向公民社会回归，扩大公民对公共事务管理的直接参与；采用私营部门的管理理论、方法和技术，改革政府内部管理等。在各国治道变革的实践中，公众参与政府行政决策无疑是一个令人瞩目的发展趋势。虽然政府依然承担着非常重要的角色，特别是在决定重大的公共资源分配方向、维持秩序、维护公民权利、实现社会公平等方面，政府仍然发挥着其他组织不可替代的作用，但是，政府已不再是公共管理的唯一权力中心。非政府组织、社区组织、私营部门和公民、政府一起共同承担管理社会事务、提供公共服务的职能。可以说，公众

---

❶ 曲格平. 环境保护知识读本 [M]. 北京：红旗出版社，1999：278.

参与行政事务，在一定程度上解决或缓和了现代政府决策权力不断膨胀与对其良性运作的现实要求之间的矛盾。

20世纪80年代以来，公众对政府行政决策行为过程的参与及其相应制度保障，在西方发达国家普遍受到重视。西方各国行政程序法的一个重要内容，就是规定行政机关在进行决策制订规范性文件和行政计划时，要尽可能听取和尊重相对人的意见，并赋予利害关系人广泛的救济权利。我国宪法明确规定："人民依照法律规定，通过各种途径和形式，管理国家事务，管理经济和文化事业，管理社会事务。"我国宪法规定的这种公众参与，从其包含的内容来讲，是一种广泛的参与。即它不仅指公众的政治参与，还包括对所有公共利益、公共事务管理等方面的参与。行政决策过程中的公民参与，主要是对后者的参与，这种参与就是公民通过一定的参与渠道，影响政府行政决策或公共事务的行动过程。❶近年来，我国各级政府普遍建立了重大决策公示、听证、议案制度，推行政务公开，拓宽信息沟通的渠道，增强决策的科学性、民主性和公众参与度，使公众在一定程度上直接或间接地参与公共事务管理与决策。

2.1.1.3 公众参与机制的功能

公众参与机制的首要功能是制约政府的权利。根据

---

❶ 周珂，王小龙. 环境影响评价中的公众参与 [J]. 甘肃政法学院学报，2004 (3).

"公共财产论"，政府代表公民行使对公共财产的管理权，政府是环境以及公共资源的管理者；同时，政府也是经济秩序的维护者，通常的情况是政府自由地在这两种身份中进行选择。当然，这样的选择并非都是非此即彼的，但在这种情况下的决策能不能维护公民的环境利益，是值得怀疑的。在缺乏监督的情况下，很有可能使政府的权利异化，造成公民环境利益的损害。

公众参与机制的另一个功能是促进环境问题中各个利益方的合作。公众参与机制提供了一个法律平台，用对话代替对抗，使各方都能够平等地表达意见，是减少解决环境问题社会成本的有效手段。公众参与机制强调事前的参与行为，与环境法的预防与治理相结合的原则是一致的。我国目前的环境法体系更强调的是公害的治理，在环境问题日益严重的情况下，必将转向"公害治理—环境保全"两者相结合的体系，在这个体系中，公众参与机制的合作与预防功能更加明显。

由此可见，公众参与机制可以强化对权力的制约和民主监督，它能促使不同群体的合法权益获得有效的实现和保障，是化解不同群体利益及矛盾冲突，宣泄社会不满的"安全阀"，从而实现社会的自律，维护社会的稳定。❶ 在现代民主国家，公众参与机制是国家和市场之间的重要纽带，

---

❶ 徐祥民，田其云，等. 环境权环境法学的基础研究 [M]. 北京：北京大学出版社，2004.

是使社会民主和法治价值得以确认和弘扬的重要机制。

2.1.2 环境保护公众参与的涵义

2.1.2.1 环境保护公众参与的界定

环境保护公众参与已作为一项基本原则，并被许多国家的环境法所确认。广泛意义上讲，环境保护的公众参与，是指在环境保护领域，公众有权通过一定的途径参与一切与公众环境利益相关的活动。❶ 有的学者把环境法的公众参与原则称作环境保护的民主原则。

环境法中的公众参与，不同的学者由于研究路径的差异，对其内涵和外延的认识不尽一致。就目前环境法理论研究情况来看，对环境保护公众参与的定义大致可分为广义、相对狭义和狭义三种。其中广义的公众参与是指"在环境资源保护中，任何单位和个人都享有保护环境资源的权利，同时也负有保护环境资源的义务，都有平等地参与环境资源保护事业、参与环境决策的权利"。❷ 相对狭义说则认为："公众参与是指公众及其代表根据环境法赋予的权利义务参与环境保护，是各级政府及有关部门的环境决策行为、环境经济行为以及环境管理部门的监管工作，听取

❶ 杨振东，王海青. 浅析环境保护公众参与制度 [J]. 山东环境，2001 (5)

❷ 吕忠梅. 环境法新视野 [M]. 北京：中国政法大学出版社，2000：236.

公众意见，取得公众认可及提倡公众自我保护环境。"❶ 而狭义说则认为："公众参与是指在环境保护领域里，公民有权通过一定的程序或途径参与一切与环境利益相关的决策活动，使得该项决策符合广大公民的切身利益。"❷

上述定义在参与主体和参与范围的界定上呈现出差异性。广义说认为参与主体包括一切的单位和个人，对于参与范围则认为包括环境保护的所有环节；相对狭义说则认为公众参与的范围限于参与环境决策、环境经济行为的执行和环境管理；而狭义说则认为参与的主体只能是与决策利益相关的公民，参与的范围仅限于环境决策。

"公众"首次在国际环境法中的界定，出现于 1991 年 2 月 25 日联合国在芬兰缔结的《跨国界背景下环境影响评价公约》中，它规定"公众是指一个或一个以上的自然人或者法人"。随后，各国在环境立法中也广泛使用"公众"的概念。1998 年 6 月 25 日，联合国欧洲经济委员会第四次部长级会议签订的《公众在环境事务中的知情权、参与决策权和获得司法救济的国际公约》中，规定"公众是指一个或一个以上的自然人或者法人，根据各国立法和实践，还包括他们的协会、组织或者团体"。❸

从国际环境法对"公众"界定来看，本书较为赞同广

---

❶ 陈建新. 试论环境保护民主原则及其贯彻 [J]. 南方经济，2003（9）.

❷ 汪劲. 中国环境法原理 [M]. 北京：北京大学出版社，2000：100.

❸ 曹明德，王京星. 我国环境税收制度的价值定位及改革方向 [J]. 法学评论，2006（1）.

义的公众参与，认为环境法上的公众参与是指环境法的公众参与原则："所谓公众参与原则是指在环境保护中任何单位和个人都享有平等参与环境管理、环境决策的权利。"❶有的学者因此把环境法的公众参与原则称作"环境保护的民主原则"。❷

环境保护公众参与目前已成为许多国家环境法中的一项基本原则，我国环境法亦如此。在我国环境法理论中，对公众参与该原则有多种表达形式，如依靠群众保护环境原则，依靠群众、大家监督原则，公民参与原则，环境保护的民主原则等。❸但原则是软法，只有抽象的思想上的指导作用，没有具体的、可检查的约束力。作为基本原则，如果没有强有力的具体制度支撑，其指导作用和实施效果必然要大打折扣。我国的环境立法虽然有一些关于公众参与的具体规定，但是，这些规定基本上是末端参与，形式单一，且过于零散，缺乏可操作性和鼓励公众全过程参与的激励性规定。因此，在我国环境问题日益严重化的背景下，应当着力构建我国环境保护公众参与法律制度，将该原则具体化为具有可操作性的环境法律制度。

---

❶ 陈汉光，朴光洙．环境法基础 [M]．2 版．北京：中国环境科学出版社，2004：46.

❷ 金瑞林．环境法学 [M]．北京：北京大学出版社，2002：93.

❸ 王灿发．论我国环境管理体制立法存在的问题及其完善途径 [J]．政法论坛，2003（4）.

2.1.2.2　环境保护公众参与的形成与发展

环境保护中的公众参与起源于 20 世纪 30~60 年代，当时发生了震惊世界的八大公害环境污染事件。分别是 1930 年 12 月 1~5 日比利时马斯河谷事件、1948 年 10 月 26~31 日美国宾夕法尼亚州匹兹堡市南面的多诺拉镇发生的多诺拉事件、20 世纪 50 年代美国发生的洛杉矶光化学污染事件、1952 年 12 月 5~8 日英国发生的伦敦烟雾事件、1961 年发生在日本四日市哮喘事件、1956 年发生在日本熊本县水俣镇的水俣病事件、1955~1972 年在日本富山县神通川流域发生的痛痛病事件、1968 年 3 月日本发生的米糠油事件。此八大事件唤起了社会公众的觉悟，使社会公众意识到环境的破坏已经严重威胁到人们的生命健康权。❶ 因此，公众的环境意识发生巨大改变，他们开始关注并强烈要求参与到环境保护的运动中。

公众参与作为环境保护的一项重要基本制度，是在 1969 年的《美国国家环境政策法》中出现，其第一次明确提出公众参与环境事务的权利。1972 年联合国召开第一次人类环境会议掀起了公众参与环境保护的第一次高潮。1992 年巴西里约热内卢召开环境与发展大会，将公众参与上升到战略高度。其通过的《21 世纪议程》将公众广泛参与决策作为实现可持续发展的必不可少的条件，并指出"实现

---

❶ 黄桂琴. 论环境保护的公众参与 [J]. 河北法学，2004（1）：57.

可持续发展，基本的先决条件之一是公众的广泛参与决策"。2002 年在南非约翰内斯堡召开的"可持续发展世界首脑会议"并通过的《约翰内斯堡会议宣言》第 26 条规定："我们认为可持续发展需要长远的眼光和各个层面广泛地参与政策制定、决策和执行。作为社会伙伴我们将继续努力与各个主要群体形成稳定的伙伴关系，并尊重每个群体的独立性和重要作用。"❶

我国将环境的可持续发展作为我国的基本国策之一，同时为公众参与到环境保护事业中提供了一系列的法律依据。我国《宪法》第 1 章第 2 条规定："中华人民共和国的一切权力属于人民。""人民依照法律规定，通过各种途径和形式，管理国家事务，管理经济和文化事业，管理社会事务。"这为我国在环境保护领域实行公众参与制度提供了宪法根据。《环境保护法》第 6 条规定："一切单位和个人都有保护环境的义务。"《国务院关于环境保护若干问题的决定》中规定："建立公众参与机制，发挥社会团体的作用，鼓励公众参与环境保护工作，检举和揭发各种违反环境保护法律法规的行为。"2006 年 2 月 22 日，国家环保总局发布《环境影响评价公众参与暂行办法》，这是我国环保领域的第一部在国家层面上所规定公众参与的规范性文件，在我国环境保护领域里具有里程碑式的重大意义。2015 年 7

---

❶ 田良. 论环境影响评价中公众参与的主体、内容和方法 [J]. 兰州大学学报：社会科学版，2005（5）.

月 2 日，环境保护部部务会议通过《环境保护公众参与办法》，这是自新修订的《环境保护法》实施以来，首个对环境保护公众参与作出专门规定的部门规章。

2.2 环境保护公众参与的主体

"公众广泛参与"策略，是联合国就环境问题通过的重要文件——《21 世纪议程》的重要组成部分。《21 世纪议程》的第 3 部分阐述了 9 个不同群体在实现可持续发展进程中所起的作用，这 9 个群体分别为：妇女、儿童和青年、当地居民、非政府组织、地方政府、工人和贸易联合体、商业和工业界、科技界、农民。❶ 显然，议程中所说的 9 个群体除地方政府外，都可视为"公众参与"的"公众"范围。

环境保护公众参与中的公众，不是单一群体，而是多样化、持续变动的利益和联盟集合体。邻近关系、经济关系、使用关系、价值关系等标准，是确认环境问题所关联的"公众"的重要途径。因此，环境保护公众参与的"公众"应当包括许多种，每一种都对应利益受到影响的一类公民。具体而言，公众确认可以分为 3 类："自我确认、群体确认、第三方确认。"❷

---

❶ 常纪文，陈明剑．环境法总论 [M]．北京：中国时代经济出版社，2003：148．

❷ 曲格平．环境保护知识读本 [M]．北京：红旗出版社，1999：278．

建立在公众自我确认基础上的参与，只要向公众充分公开信息，让公众自己判断是否参与、如何参与就可以了；当行政部门的职员积极地识别并与潜在的利益团体联系时，就出现了群体确认；第三方确认，是指团体和个人可以向行政部门提议，把其他的团体或个人引进到公众参与过程中。❶ 在全面考虑各种影响因素下识别公众参与群体，才能不漏掉相关的利益群体，从而更好地获得信息、权衡利益冲突，增强决策的可行性。从以上9类全体中归纳出以下3种主体。

2.2.1 民 众

第二次世界大战以后，世界经济的快速发展，生活水平的大幅提高，使人们对生活的追求从物质享受向更广泛的领域扩展，生活质量的内涵发生变化，环境质量因此被纳入生活质量的指标体系中，看作是与食物、住房和耐用品等相提并论的消费品。

林智理借助唐斯的行为函授模型来分析民众环保行为的形成和环境参与的意愿。该模型为：❷

$$R = BP - C + D$$

---

❶ 周珂，王小龙. 环境影响评价中的公众参与 [J]. 甘肃政法学院学报，2004（3）.

❷ 李泊言. 绿色政治 [M]. 北京：中国国际广播出版社，2000：19. 转引自林智理. 生态环境保护公众参与的不同层次分析 [J]. 上海环境科学，2006（6）：263-268.

公式中，R——环保行为，若 R=0 则无环保行为，若 R=1 则为参与环保行为；

B——环保行为的潜在收益；

P——进行环保行动时这些收益产生的概率；

C——环保行为的成本；

D——因环保行动而补充的私人收益。

对理性的普通民众而言，若行动收益大于成本，则人们乐于参加环保行动，否则持冷漠态度。生态环境问题制约人类的生存和发展，如得不到切实解决，将导致生产力倒退，危及经济的发展和繁荣，甚至导致人类生存条件的恶化和人类文明的毁灭，参与环境保护活动因此将给人们带来巨大的生态效益、经济效益和社会效益，故公众参加环保行动，潜在收益（B）很大，环保行动的收益概率（P）较高。此外，良好的生态环境，不仅给人们带来心灵的美感和心情的愉悦，也会塑造人的品格，陶冶人的情操，强壮人的体魄，对参与环境保护者而言，其补充的私人利益（D）不小。再加上随着信息技术的发展，人们在搜集环境污染和环保的相关信息及参与环保行动等方面所花费的时间、金钱、精力等成本大为减少，行动的成本（C）也随之越来越小。

在日益严重的环境危机面前，出于对自身生存环境的关注，各国民众的环境意识开始觉醒。普遍觉醒的环境意识是公众参与环境保护得以存在和发展的社会心理基础，更是衡量一个国家或地区环境保护水平的最重要标志之一。❶ 一个国家或地区的公众的环境意识水平，在很大程度上决定了环境政策和环境法律的实施效果和程度。

公众环境意识的提高和环境保护热情的高涨，为实现公众参与环境保护奠定良好的社会基础。当人们对环境恶化产生的抱怨越来越多和对环境质量提出的要求越来越高时，其保护环境的愿望和参与环保活动的热情也在不断增强，对政府环境政策施加压力和影响的积极性也明显高涨，突出表现为人们积极通过政治投票、政治选举、合作活动和个别接触等多种方式，对环境政策和环境管理施加影响。❷ 可见，环境问题在全球范围内的普遍化和严重性以及因此而对民众切身利益甚至生命安全构成的巨大威胁，将促使民众从环境保护角度对政府提出更多更高的要求，要求获得更多的发言权和参与机会，他们促使政治决策、政府管理和评价等朝着可持续发展方向迈进，构成了环境运动政治力量的基础。

2.2.2 社会组织：由 NGO 到政党

环境保护民间组织，即环保 NGO（non‐governmental organization），是以保护生态环境为特定目标而组织起来的

---

❶ 周汉华. 外国政府信息公开制度比较 [M]. 北京：法律出版社，2003.

❷ 田良. 论环境影响评价中公众参与的主体、内容和方法 [J]. 兰州大学学报：社会科学版，2005（5）.

社会团体，它们作为政府、企业之外的新角色，广泛参与环保领域的社会活动。❶ 由于环境污染危害往往具有区域性与集体性，因此能为环境保护公众参与提供自下而上组织途径的环保 NGO，就成为公民维护自身环境权益的代言人，以及公民参与环境保护的重要途径。

20 世纪 60 年代初始，维护弱势群体利益的观念和可持续发展的思想得到普遍认同。作为公众利益代言人的环保组织，NGO 在各国大量涌现。这些环境保护的民间组织在环境保护公众参与中发挥着中介与桥梁作用。例如，美国的民间环保组织"塞拉俱乐部"在公众维护环境权益、监督政府部门执法、发起公民诉讼中发挥重大作用。❷ 实践证明，在环境保护方面这些非政府组织具有政府组织不可替代的作用。一些西方国家环境保护公众参与制度的良好运行，是与众多环境保护社会团体的积极活动分不开的。据统计，到 1992 年，美国共有一万多个各种各样的环境保护非政府组织，其中十个最大组织的成员从 1965 年的 20 万人增加至 1990 年的 720 万人。❸ 这些团体有着较大的社会影响力和政治影响力，成为世界环境保护的中坚力量，推动着环境保护事业的发展。

---

❶ 曹明德，王京星. 我国环境税收制度的价值定位及改革方向 [J]. 法学评论，2006 (1).

❷ 常纪文，陈明剑. 环境法总论 [M]. 北京：中国时代经济出版社，2003：148.

❸ 杨振东，王海青. 浅析环境保护公众参与制度 [J]. 山东环境，2001 (5).

1973 年以来，西欧一些工业发达国家相继出现了"绿党""生态党""环境党"等以环保议题为主要政纲的党派出现在政治舞台，积极介入各国的政治选举，通过政治途径参与环境管理，标志着环保运动由 NGO 的社会运动阶段发展到有系统而具体纲领的政党活动阶段。这些拥有广泛民意支持的政党，不仅成功地将自己的候选人推举到各层政府机构任职；在它们的压力下，西欧各国政府和其他想要有所作为的政党，都不得不考虑这些具有重大政治影响力的政党对环境议题的关切。21 世纪以来，西欧的很多发达国家决定政党能否执政的关键因素之一，是看这个政党是否能够同绿党有效合作，将环境保护视为国家实现可持续发展的首要任务来考虑。西欧发达国家绿色政治的出现与流行，让其地区的环境保护水平上升到较高的层面。

2.2.3 国际组织

环境问题所具有的突出的全球性，让环境议题成为国际政治斗争与博弈的焦点之一。尤其是跨国界的资源环境问题，极易导致相邻国家之间围绕环境的权利和义务而产生冲突，轻者为环境冲突、经济冲突，重者为外交或政治冲突，甚至武装冲突。但任何形式的武装冲突不但解决不了问题，反而进一步加剧问题的严重性。❶ 因此，解决全球

---

❶ 黄桂琴. 论环境保护的公众参与 [J]. 河北法学，2004（1）：57.

性的环境问题，应在国际法和多边协定框架内，充分发挥外交领域的作用，采取谈判、征询、调和、调停等手段，以平等和协作的方式消除在环境问题方面的认知和价值差异等障碍，寻求合理的解决途径，并共同行动起来，积极配合，保护全球环境。❶ 因此，要解决诸如臭氧层破坏、温室效应、越境酸雨、海洋污染、共享性资源的开发和保护等具有全球影响规模或者国家地区间冲突等环境问题，需要建立国家、地区间的协调机制与仲裁机制，解决冲突、采取共同行动，需要发挥国际组织的积极作用。

在政府间组织中，联合国对全球的环境保护发挥着关键性作用。联合国 1972 年在斯德哥尔摩召开的"人类环境会议"，第一次把环境问题正式提升到全球议程的高度。1992 年里约热内卢举行的联合国"环境与发展大会"通过《21 世纪议程》，标志着国际社会对环境问题的关注进入新阶段。联合国的下属机构，如联合国环境规划署（UNEP）、世界环境与发展委员会（WCED）、联合国教科文组织（UNESEO）、联合国开发计划署（UNDP）、联合国粮农组织（FAO）、人与生物圈计划（MBA）等，纷纷在国际合作方面增加了环境保护内容，形成一些基本的国际环境行为原则与规范，这些原则与规范，对于指导国际环境行为具有普遍的意义。

---

❶ 徐祥民，田其云，等 . 环境权环境法学的基础研究 [M]. 北京：北京大学出版社，2004.

国际环境非政府组织也大量涌现，它们各自建立起自己的地区性和跨国性的网络和联盟，围绕着环境议题积极开展活动，发展迅速，成为协调、解决全球性环境问题的重要力量。❶特别是国际自然资源保护同盟、绿色和平组织、地球之友等具有重大影响的国际性环境非政府组织，积极沟通社会各界就环境议题采取集体行动，运用舆论工具形成向各国政府施加影响的"压力集团"；积极参与起草、制定、甚至执行各种国际生态环境保护公约，促进涉及环境的国际公共决策的实施；致力于促进环境保护方面的国际合作，鼓励和支持当地民众在解决环境问题上实行自我设计与管理。绿色和平组织的成员1985年有140万人，1990年猛增到670万人，并在30多个国家设有分支机构，其年资金收入从2400万美元增加到1亿美元。1992年巴西联合国环境与发展大会期间，到会的非政府组织达6000多个。由此可见，环境问题表面上看，是人类赖以生存的自然环境遭到破坏，即人与自然矛盾的激化而产生的，但究其根源，还在于人类自身，在于人类不恰当的思维方式、生产方式和生活方式。解铃还靠系铃人，摆脱环境危机的出路，因此有赖于人类自身的觉悟与行动，在于全体人类的积极参与。

　　另外，鉴于环境问题的高科技性和媒体在环境意识的

---

　　❶　王灿发. 论我国环境管理体制立法存在的问题及其完善途径［J］. 政法论坛，2003（4）.

培养、环境问题的解决中发挥的关键作用，已有学者将环境法中的公众参与主体归为四种类型，即受到影响的公众、专家学者、感兴趣团体和新闻媒体，各个类型又有细分，他们之间的关系详见图2.1。❶

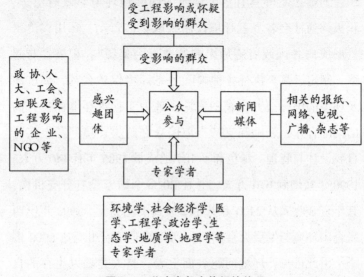

图2.1 公众参与主体间的关系

2.3 环境保护公众参与的范围

公众参与环境保护的实现能力与国家容忍公众参与的程度，是环境保护公众参与范围的决定性因素。"一方面我

❶ 柴西龙，孔令辉，海热提·涂尔逊. 建设项目环境影响评价公众参与模式研究 [J]. 中国人口·资源与环境，2005 (6): 118.

们希望国家在维护正常的宪政秩序和社会良性发展的情况下最大限度的容许公众参与；另一方面对参与制度的设计又要结合本国国情，注重它的可行性，否则无限制的参与只会导致行政权运作的失衡，使正常的社会秩序难以为继"。❶ 因此，环境法对环境保护公众参与范围的界定非常重要。

各国环境保护公众参与的范围主要包括以下几项。❷

2.3.1　参与国家环境管理的预测和决策

公民有权参与国家国民经济和社会发展计划以及各种环境规划的制定，参与环境管理机关的活动。如《英国城镇规划法》规定：各郡在制定发展规划时，应将此规划公布周知，对此有异议的公民可向环境大臣反映。

2.3.2　参与开发利用的环境管理过程以及环境保护制度实施过程

如《英国城镇规划法》规定：在颁发排污许可证之前，环境大臣要召开公开的地方调查会，有不同意见的人可以

------

　❶ 方洁．参与行政的意义——对行政程序内核的法理解析 [J]．行政法学研究，2001（2）：10.

　❷ 王树义．俄罗斯联邦生态法 [M]．武汉：武汉大学出版社，2001：191-193.

参加并发表意见。《美国清洁水法》规定：公民有权参加提出修改、实施环保局长或任何州根据本法制定的标准、计划与规划，环保局长及该州应为其创造条件并予以鼓励。公民参与这种管理的方式主要是通过各种听证会。

2.3.3 组成环保团体

组成环保团体是公民参与环境管理的重要形式，各国法律都给予这些组织和团体一定的法律地位，积极鼓励他们广泛参与环境保护的各项行动。《俄罗斯联邦宪法》第30条第1款和《俄罗斯联邦社团法》第3条第1款规定，俄罗斯公民为了保护公共利益和达到公共目的，有权在自愿的基础上成立社团。目前俄罗斯联邦建立的社会生态组织达1000多个，如"俄罗斯绿党""俄罗斯社会生态同盟"等。《俄罗斯联邦生态鉴定法》《俄罗斯自然保护法》等一系列法律都赋予这些社会生态组织在自然环境保护方面以广泛的权利，并规定国家机关有义务竭尽一切可能协助社会生态组织实现自己的权利，依法追究妨碍社会生态组织行使其权利的公职人员和公民的责任。

2.3.4 参与环境纠纷的调解

在设有调解程序的国家中，一般都规定公众有权参加。如《南朝鲜环境保护法》第54条规定：环境纠纷调解委员会的组成人员应包括以下几个方面：法律界人士、舆论界人士、环境专家、医务人士、工业界人士、商业界人事及有关官员等。1990 年通过的《美国行政纠纷处理法》和《美国协商立法法》也有相关规定。

2.3.5 环境请求权

环境请求权是指公民的环境权益受到不法侵害以后向有关部门请求保护。如《美国清洁水法》规定：任何公民可代表自己对美国政府、政府及其他机构或环保局提起诉讼，指控他们违反了本法规定的排放标准，或局长、州长有关这些标准的命令、或环保局长未能履行本法规定的职责。

2.3.6 参与环境科学技术的研究、示范和推广等

《美国国家环境政策法》第 2 条规定：公众有权最充分地利用公共或私人机构和组织以及个人提供的服务、设施和资料等。《日本公害对策法》规定：居民应努力以一切适当的方式协助国家和地方政府实行公害防治措施。

2.4　环境保护公众参与的途径

公众参与环境保护的途径很多，西方发达国家的经验主要有（但不限于）下列方式：咨询委员会、非正式小型聚会、一般公开说明会、社区组织说明会、公民审查委员会、听证会、发行手册简讯、邮寄名单、小组研究、民意调查、设立公共通讯站、记者会邀请意见、回答民众疑问等。各参与方法在双向沟通、公共接触程度、处理特定利益的能力等性质上有强弱之别，就告知教育、探询争议、解决问题、意见回馈、评价与建立共识等方面，亦各有所长，因此可以视事件的内容与性质作组合运用（各种参与途径的比较见表2-1）。

表2-1　公众参与途径

性　质			参与方法	目　的					
双向沟通程度	公共接触程度	处理特定利益能力		告知教育	探询争议	解决问题	意见回馈	评价	建立共识
中	强	强	听证会		×		×		
强	中	弱	非正式小团体聚会	×	×	×	×	×	×
中	强	中	一般公开说明会	×					
强	中	中	社区组织说明会	×	×				

性 质			参与方法	目 的					
双向沟通程度	公共接触程度	处理特定利益能力		告知教育	探询争议	解决问题	意见回馈	评价	建立共识
中	中	强	发行手册简讯	×					
强	弱	中	回答民众疑问	×					
弱	强	强	记者会邀请意见	×			×		
强	强	强	发信邀请意见			×	×		
强	弱	弱	咨询委员会		×	×	×	×	

我国《立法法》第 34 条规定："列入常务委员会会议议程的法律案，法律委员会、有关的专门委员会和常务委员会工作机构应当听取各方面的意见。听取意见可以采取座谈会、论证会、听证会等多种形式。"该法第 67 条规定："行政法规在起草过程中，应当广泛听取有关机关、组织和公民的意见。听取意见可以采取座谈会、论证会、听证会等多种形式。"由此可见，我国有对公众参与环境保护的立法保障，且应在环境法中将前述规定进一步具体化，切实保证公众参与对立法决策和立法结果的相当影响力，并对公众参与环境保护的途径和方式作进一步的扩展。❶

---

❶ 资料来源：选择性地采自：A. B. Bishop, Public Participation in Environ-mental Impact Assessment Paper presented at Engineering Foundation Conference On Preparation Of Environmental Impact Statements New England College July 29-Aug 3, 1973.

2.5 环境保护公众参与的价值目标

公众是环境问题的最终承受者，环境资源属于公共资源，环境的公共性决定国家在对环境资源进行控制与分配中要遵循"公平、公开、公正"的原则。要想使政府的决策和管理更符合民意和反映实际情况，有利于解决和处理普遍的环境问题，根本出路在于实现公众对环境问题及其解决的全方位、全过程的了解、监督与参与，促进环境保护决策的科学化、民主化。因此，建立环境保护公众参与机制的价值目标在于：

2.5.1 促进环境政治的民主

在环境保护领域建立公众参与制度，有利于政府的环境行政决策更加符合广大民众的利益，更加民主和科学。因此，公众参与制度首要的价值目标在于促进环境民主决策的科学化、民主化，为民主理论在环境管理活动中得以延伸提供制度保障。

现代民主语境下的公众参与，是指政府及其机构之外的个人或社会组织，通过一系列的正式或非正式的途径，直接参与政府公共决策的制定和执行过程，从而影响公共决策，维护公共利益的行为。

在环境问题上，公众的利益常常不一致，最突出的在于其利益冲突呈现多层面、多方位的特点。各种利益的调和必须借用民主的观念、公众参与环境行政和环境司法的过程来实现。仅仅依靠政府单方的权力对环境事务实行决策或做出决定，往往以牺牲公众的环境利益为代价。

环境保护公众参与的制度是民主行政在环境保护领域的延伸。正如亨廷顿在研究政治发展的过程及其影响政治发展的相关因素时，就把公众参与视为影响政治发展的重要变量，并把公众参与的程度和规模作为衡量一个社会政治现代化程度的重要尺度。因此，公众参与是国家环境行政民主化的必然路径选择。借用民主机制与程序调和各种利益，在处理环境事务中引入公众参与，既可让最终出台的环境决策获得社会公众更大范围的认同、支持和理解，也利于说服和平息反对者。另一方面，公众参与对政府能起到监督的作用，形成压力督促其提高效率、廉政执法。

2.5.2 平衡公众环境利益诉求，实现社会正义

正义是法律永恒的价值目标。公众参与有利于消除歧视、偏袒，保障社会公正。对于环境问题的解决方案，不同个人、群体的环境价值利益存在着矛盾和利益冲突。如果缺乏利益诉求的统一渠道和整合的表达方式，结果必然是优势群体利用其掌握的各种资源压制弱势群体的利益主张，使弱势成员的利益表达受到阻滞。建立公众参与机制

的目的，就在于通过法律制度的构建，为弱势群体环境利益表达和实现提供专门的渠道和保障，赋予社会成员尤其是弱势群体利益伸张的机会与权利，形成允许弱势群体利益主张能够"发声"的体制性空间，从而促使决策部门在环境公共资源分配中考虑弱势群体的主张，使问题得到公开讨论，经受不同人的质询，听取不同人的意见，并对其中相互冲突的利益诉求进行协调和整合，最终作出合理取舍，使环境公共资源的分配趋向正义的价值理念追求。因此，公众参与是平衡公众环境利益诉求，实现社会正义的途径。

2.5.3 提高公众环境意识，实现一定程度的环境自主治理

环境意识，是人们主观上对环境问题的认识水平和为此采取行动的意愿程度的一种表现形式；是指人们在认知环境状况、了解环保规则的基础上，根据自身的基本价值观念而发生的参与环境保护的自觉性，它最终体现为有利于环境保护的行为。其核心是人类对自然环境及其相关问题的认识、判断、态度及行为取向。

公众环境意识的普遍提高是公众广泛参与环境保护的根本动力。民间环保组织和环保活动的发展，基于与环境利益密切相关的公众的环保意识的提高。建立并运行公众参与环境保护的法律制度，通过赋予公众一定范围的参与

权和决策权，从而使多元化、不同层次的利益得以表达，并以对话、协商和妥协的方式在法律的框架内，实现社会的公平。这有利于推动公民社会的形成，在环境保护领域营造一种自我自理的氛围，使公众逐步培养同政府进行积极合作和主动监督的精神，从而在环境保护领域形成一定程度的环境自主治理。因此，公众参与是提高公众环境意识，培育环境领域的自主治理精神的途径。❶

2.6　环境保护公众参与的特点

政府作为"资源的权威性分配者"，作为社会"游戏规则"的制定者和"社会游戏"的裁判者，应当担负起保护生态、治理环境的责任，并在环境保护和治理中发挥主导性的作用；市场则从成本、灵活度和可持续等方面发挥保护环境的作用。政府和市场在环境保护和治理中的地位和作用无疑是重要的。❷ 但"市场失灵"和"政府失灵"的存在，使公众参与作为克服两种"失灵"的有效机制，成为环境法实施机制的必要选择。环境管理不能仅仅依赖市场机制调节与政府干预。❸ 公众参与本身的特征，决定其在

❶　马燕，焦跃辉. 论环境知情权［J］. 当代法学，2003（9）.

❷　田良. 论环境影响评价中公众参与的主体、内容和方法［J］. 兰州大学学报：社会科学版，2005（5）.

❸　宋言奇. 非政府组织参与环境管理：理论与方式探讨［J］. 自然辩证法研究，22：61-62.

环境管理中起着重要的作用。

2.6.1 自主治理理论

"公共池塘"代表一种人们共同使用整个资源系统但分别享用资源单位的公共资源，具有非排他性和竞争性特征。对于公共池塘资源的管治，有三种模型为人们所熟识，即公地悲剧模型、囚徒困境模型以及集体行动逻辑。这三大模型都揭示了在公共事物治理过程中个人理性的结果却是集体选择的非理性，这导致了公共事物的恶化和非可持续发展，进而最终丧失集体利益和个人的长远利益。基于以上三种理论模型，学者们提出了解决公共池塘资源管理问题的两种解决方案，即主张对公共池塘资源实行政府控制的国家手段和主张对公共池塘资源实行产权私有化的市场手段。

美国著名行政学家、政治经济学家埃莉诺·奥斯特罗姆对国家干预和市场手段这两种传统策略进行批判，提出了特定条件下的公共事务治理的第三条道路，即认为在一定条件下，人们能够为了集体利益而自主组织起来，进行自主治理。并由此阐述自主组织和治理公共事务的集体行动制度理论，即自主组织理论。❶ 奥斯特罗姆在公共池塘的案例中，论证了一群相互依赖的当事人如何通过自主地制定规则、实施规则并成功地进行监督，完成了自我组织与

---

❶ 周汉华. 外国政府信息公开制度比较 [M]. 北京：法律出版社，2003.

自我治理，使公共池塘资源得到可持续的利用。自主治理理论倡导利用公民社会的"自组织网络"，其中心议题是一群相互依存的人如何把自己组织起来进行自主性治理，并通过自主性努力以克服搭便车、回避责任等机会主义诱惑，从而取得持久性共同利益的实现。

该理论具有重要的现实意义。一方面，建立自主治理的公共资源管理模式是提高资源利用效率的制度前提。自主治理的公共资源管理模式重视公共资源环境系统中资源使用开发者的自治管理，强调社群在一些公共资源管理中的主导作用。尤其适用于分布众多的诸如池塘、草地、树林、山地、灌溉基础设施等中小规模社区公共资源。因为这些社区公共资源的开发、使用和收益者往往就是当地社区的成员，对这些资源保护、利用的好坏与他们息息相关。❶ 以自愿的方式，通过社区将他们组织起来共同参与对公共资源的管理，以自主的制度创新来合理安排、统筹利用，既能够有效发挥局中人的自觉激励，充分利用社会良性资本，从而达成局中人之间的自愿合作，克服因"公地悲剧"而带来的资源过度开发与退化，同时也提高信息的准确性和管理决策的科学性，降低信息成本和实施成本，提高资源的利用效率，从而保证公共资源的长期可存续性和高效治理的实现。

---

❶ 刘文荣，陈鹏，马小明. 公共池塘资源管理的自治制度分析［J］. 环境科学动态，2005（2）：14-15.

　　另一方面，强化公民意识是实施自主治理的重要基础，完善运行机制是实施自主治理的有效保障。自主组织理论里描述的是一群有着强烈个人主体意识和自治愿望的理性人，通过自主合作治理的制度安排实现了集体利益的优化。如果能有效地利用公民的道德意识和组织行为特点，引导和加强他们相互合作和互相信任，就可以有效解决可信承诺和互相监督问题，降低制度成本和失败的可能性。自主治理理论还指出了环境保护公众参与对于环境管理的重要意义。在环境自主治理中，以环保 NGO 为代表的非政府组织具有社会资本优势，这种社会资本在环境管理中有助于减少摩擦成本，增进人们的信任，促进人们的合作。❶ 另外，自主治理最适合较小规模的环境治理，而社会组织的长处恰恰在于微观活动，阿尔卑斯山草地、日本公用山地等环境治理实践都验证了这一点。

2.6.2　资源互相依存理论

　　资源互相依存理论从功能角度论述公共参与的意义。在环境管理中，市场机制掌握经济资源，其优势在于灵活性以及低成本等；政府掌握行政资源，其优势在于宏观性、全面性以及权威性等；非政府社会组织则掌握社会资源

---

　　❶　曹明德，王京星．我国环境税收制度的价值定位及改革方向 ［J］．法学评论，2006（1）.

（社会资本），其优势主要在生态中心性、信息灵活性、横向网络性、人本性等特点。

环境保护公众参与管理，走的是一种自下而上的路径，在本土化、认同感以及归属感等方面具有优势，比政府干预以及市场机制调节更富有人文关怀，在一定程度上弥补了政府干预与市场机制调节的不足。

2.6.3　志愿失灵理论

环境保护公众参与尽管具有反映灵敏等优势，但也有一些弊端，赛拉蒙概括为"志愿失灵"。[1] 就环境管理领域，这种"志愿失灵"表现在：资金不足、家长作风、管理的业余主义、管理及服务的狭隘性等，尤其离不开政府的指导、监督与扶持。多元治理理论以及资源互相依存理论都阐释了这一点。正如奥斯特罗姆所陈述的，政府对组织权最低限度的认可是成功的自组织活动的重要设计原则，地区的和全国的政府在为增强地方占用者进行有效制度设计而提供设施方面可以起积极的作用。

资源互相依存理论认为，在环境管理中，没有任何一个机构能够掌握充足的资源处理所有的问题，环境管理必须成为政府部门、私营部门、社会组织以及公民个体等多主体的公共体系。由于"市场失灵"以及"政府失灵"的

---

[1]　宋若思. 市场失灵、政府失灵和志愿失灵 [J]. 经济师，2003 (6)：12.

存在，公众参与，就成为环境管理中不可缺少的环节。但是，我们也必须科学地定位公众参与在环境管理中的作用，公众参与不能替代市场机制调节与政府干预的作用，同样也存在"志愿失灵"问题。环境管理这一复杂工程的运行，不能仅仅依靠市场机制调节，也不能仅仅依靠政府干预，必须将市场机制调节、政府干预以及公众参与三者有机结合，三管齐下，三者各有所长，缺一不可。

2.7 建立环境保护公众参与制度的意义

环境保护公众参与目前已成为许多国家环境法中的一项基本原则。然而，"原则是软法，只有抽象的思想上的指导作用，没有具体的、可检查的约束力"。作为基本原则，如果没有强有力的具体制度支撑，其指导作用和实施效果必然要大打折扣。因此，在环境问题日益严重化的背景下，应当着力构建环境保护公众参与法律制度，将该原则具体为具有可操作性的环境法律制度。

实践证明，环境法的实施仅有强制和制裁是不够的，从根本上来说，这只是法律实施的外生变量，它在很大程度上只能"治标"而难以"固本"。要做到标本兼治，必须在强制和制裁等外在因素的基础上，引导和培养社会公众和企业对环境法作用发挥的主动参与和自我实施，作为环境法实施的内生变量，这些内在因素的成长和稳定，将对环境法实施效果的优化起到至关重要的促进作用。

在环境法领域确立公众参与制度有重要意义，体现在以下方面。

2.7.1　是国际环境法的一项基本原则

公众参与作为 21 世纪环境保护的必然趋势，为国际社会高度重视，得到国际社会普遍认可，是国际环境法的一项基本原则。公众参与的思想形成于 20 世纪六七十年代。❶ 1972 年的《人类环境宣言》就强调了公众参与环境保护的重要性。此后，许多国际环境立法文件中都开始重视公众参与环境保护问题。1982 年的《内罗毕宣言》第 9 条提出，"应当通过宣传教育和训练，提高公众和政府对环境重要性的认识，在促进环境保护工作中必须每个人负起责任，并且参与具体的环境保护工作"。1982 年 10 月 28 日联合国大会通过的《世界自然宪章》第 23 条规定指出了公众个人参与权的内容："人人都应有机会按照本国法律个别地或集体地参加拟订与其环境直接有关的决定；遇到此种环境受损或退化时，应有办法诉诸补救。"而公众参与环境保护的权利首次在国际环境法律中得以确认是在 1992 年世界环境与发展大会上通过的《里约宣言》中，该宣言第 10 项原则宣

---

❶　杨振东，王海青. 浅析环境保护公众参与制度［J］. 山东环境，2001 (5)：45.

布："环境问题最好是在全体有关市民的参与下，在有关级别上加以处理。在国家一级，每一个人都应能适当地获得公共当局所持有的关于环境的资料，包括关于在其社区内的危险物质和活动的资料，并应有机会参与各项决策进程。各国应通过广泛提供资料来便利及鼓励公众的认识和参与。应让人人都能有效地使用司法和行政程序，包括补偿和救助程序。"

2.7.2　改善政府环境管理水平

就行政管理与公众参与的关系而言，公众参与不仅是环境保护的重要方面，也是对政府环境管理职能的重要补充，从某种意义上看是建立了一种权力制衡机制：它一方面授权国家环境管理机关作为环境法的主要实施者负责全面的环境管理；另一方面又以公众参与刺激和监督行政管理，弥补行政管理的懈怠和缺陷，从而提高国家环境管理效率和效能。

不少国家通过规定公众参与环境保护的制度和程序来加以保证。例如美国就把为公众创造参与执法渠道作为环境执法的理念之一："公众参与执法的意义并不限于法律的强制规定，更主要的是它能改善 EPA 执法效能，成为 EPA 积极引导公众参与执法的动力之源。EPA 通过加强与受管制群体、利益相关者在制定政策上的沟通以及通过创建畅通的执法守法意见反馈渠道，能够提高执法与守法政策的针对性、有效性，增强公众参与环保、监督违法行为的积

极性，从而有利于进一步改善环境管理。"❶

2.7.3 可以提高决策的效率以及公众对决策活动、建设活动的认同

公众参与环境保护，可以使各种利益集团能够充分表达其不同的利益诉求，建立各种利益平衡、寻求利益共存或利益妥协的方式和途径，以减少因环境保护的巨大利益冲突引发的社会矛盾，进而使环境法律制度得到顺利实施。通过适当的公众参与，"对于决策者，有广纳信息和集思广益的作用，可以及早发觉问题，洞察问题的深度和广度，掌握当地居民关切事项，谋取因应对策，避免决策末端才发现问题，陷入进退两难境地，徒然浪费资源。另一方面，在决策早期听取各方人士意见和关注点，决策者和参与者进行沟通，消除分歧，协调利益冲突，提高最后决定被普遍接受的程度，为后期项目实施铺平道路"。❷

2.7.4 有助于提高公民的环境意识

建立环境法公众参与制度，对于加强环境的宣传教育，提高公众的环境意识，落实公众参与环境决策，具有积极意义。

---

❶ 曲格平．环境保护知识读本 [M]．北京：红旗出版社，1999：287．
❷ 田良．论环境影响评价中公众参与的主体、内容和方法 [J]．兰州大学学报：社会科学版，2005 (5)：78．

2.8 环境保护公众参与制度的内容

在我国环境法理论中，对公众参与原则有多种表达形式，如：依靠群众保护环境原则，依靠群众、大家监督原则，公民参与原则，环境保护的民主原则等。然而，原则如果没有强有力的具体制度支撑，其指导作用和实施效果必然要大打折扣。因此，在我国环境问题日益严重化的背景下，应当着力构建我国环境保护公众参与法律制度，将该原则具体化为具有可操作性的环境法律制度。

环境保护公众参与的法律制度安排的目的理念，在于实现多方面的环境法律制度价值，主要在于确立以可持续发展为核心的环境法治观念，制定和完善环境立法，促进国家环境行政民主化，实现环境司法公正，保障公民环境权，平衡公众环境利益诉求，实现环境正义，以达到人与自然和谐共处的目的。其中，公众参与环境立法是基础，而公众参与环境立法所需解决的主要问题是公众参与的广度问题与深度问题。

在法律层面上，环境保护公众参与作为一种制度安排，应贯穿于环境法律实施的全过程。依据公众参与环境法律实施阶段的不同，本书将环境法上公众参与界定为环境立法参与、环境行政参与、环境司法参与；具体参与内容，应包括预案参与、过程参与、末端参与和行为参与等。公众参与环境保护制度的机制，是对预案参与、过程参与、末端参与和行为参与的相互关系及各自的过程和方式作出明确的规定。

预案参与指公众在环境政策、规划制定中和开发建设项目实施之前的参与，是公众参与的前提。

综合决策部门或环境保护主管部门在制定环境政策、法规、规划或进行开发建设项目可行性论证时，要征询公众意见。环境影响报告书（表）中有关对环境影响的内容，要设置公布的方式、时间及征求公众意见的方式和时间。环境保护主管部门行政许可时，对公众的意见或建议吸取与否，要作出说明。听取意见或建议的方式可采取问卷调查、专家咨询、公众听证会、公众代表座谈会等形式。决策出台前的论证会要请公众代表参加，决策出台时要以适当的形式公布于众，公众都不认可的环境决策不能出台。

过程参与指公众对环境法律、法规、政策、规划、计划及开发建设项目实施过程中的参与，是公众参与环保的关键，是监督性参与。

在各项环境政策、法律法规、规划及建设项目、区域开发等决策的实施过程，要随时听取公众意见，接受舆论监督。可采用环境信箱、热线电话、新闻曝光等方式，充分发挥人民代表、新闻记者和街道、乡镇环保员的作用。同时，定期召开公开的信息发布会，一方面保证公众的知情权，另一方面使广大公众明白、理解、支持环保工作的目的，并进一步征求意见，以保证环境、经济行为的全过程符合环境法的目的。

末端参与是公众参与环保的保障，是把关性参与。一是对"三同时"和限期治理项目验收时，要请公众代表参加；二是对有关环境污染和生态破坏的信访的办理，要尊重信访者的权利，保护信访者的利益，对信访者要有明确的答复；三是对环境纠纷的处理，要充分听取群众的意见和要求，处理意见和结果要以听证会的方式与群众见面，公众不认可的处理不能作出。

行为参与指公众"从我做起"自觉保护环境的参与，是公众参与环保的根本，是自为性参与。一是面向社会、面向公众进行环境宣传教育，提高环境意识、法制观念，提高公众自我保护环境的自觉性；二是街道、居委会、乡村要制定村民环保乡规民约，明确公众自身的环保责任和义务，形成全民保护环境、热爱环境的社会新风尚，实现监督参与和自我约束的有机结合。建立与之相应的知情机制、表达机制、监督机制、诉讼机制。

2.8.1 知情机制的建立

信息知情是公众参与环境保护的前提和基础。一般来说，公众需获知如下信息：[1] ①环境政策法规信息，如法规的规定，环境法的立法状态等；②环境管理机构信息，如

---

[1] 高家伟. 欧洲环境法 [M]. 北京：工商出版社，2000：130.

环境主管机关及其职责权限的信息，与环境管理机构打交道的程序和方法的信息；③环境状态信息，如气候、环境污染指数、环境质量指数、环境破坏状况、环境资源状况；④环境科学信息，主要是有关环境原理的一些数据、科学研究成果、科学技术信息；⑤环境生活信息，主要是有关日常生活注意事项的信息，如垃圾分类堆放，电源和水的节约使用，有利环境的生活方式等。

保障机制的建立对实现环境信息知情权起着重要作用。政府或企业按一定程序和途径公开法律规定应当公开的环境信息，或赋予公众按一定程序申请获知相关信息；公众知情权受到侵害时有相应的权利救济机制。

2.8.2 环境立法参与制度的建立

立法过程是一种体现民意、体现共识的过程。公众的环境立法参与主要有两种途径：一是公众通过选举人大代表提出立法动议，参与相关环境立法活动，间接参与立法；二是在立法机关将相关环境立法草案向社会公开征求意见时，公众通过听证会、论证会、座谈会等方式对法规草案提出自己的意见和建议，从而直接行使环境立法参与权。❶环境立法具有高度科学化、专业化的特点，但这不能成为

❶ 田良. 论环境影响评价中公众参与的主体、内容和方法 [J]. 兰州大学学报：社会科学版，2005（5）.

阻碍公众参与的理由，相反，这一特质更需要公众的参与，需要公众提供意见和建议。

2.8.3　环境行政参与制度的建立

环境行政参与包括环境行政决策参与和环境行政执法参与两个方面。根据学者叶俊荣的观点，环境行政决策中公众参与的事项及相应的参与方式大致可以概括为以下几个方面：①以听证、提供意见等方式设立环境质量标准、污染物排放标准或其他环境标准；②以听证、提供意见、行政救济等方式参与环境影响评价过程；③以提供意见、社区组织、行政救济等方式参与环保法令的执行；④以社区组织等方式参与的环保调查与监测；⑤以听证、提供意见、公民投票等方式参与决定高度污染性设施的设厂和大型开发项目。

环境行政执法参与主要体现在两个方面，一是监督性参与，指公众通过各种途径和形式对国家环境行政执法机关及其工作人员的环境执法行为的合法性和合理性进行监察和督促，以促进其依法进行环境执法和维护社会的环境秩序。二是支持性参与，也可称为协助性参与，指的是公众对环境行政执法机关的执法行为提供正面的支持和帮助，如提供环境信息、对破坏环境者进行检举、揭发等。

2.8.4 环境司法参与制度的建立

环境司法参与主要是指公众对环境诉讼（包括环境行政诉讼、环境民事诉讼和环境刑事诉讼）的提起、参加及对诉讼结果的执行。

因公众环境利益受到损害而提起的诉讼，一般而言即指环境公益诉讼。环境诉讼是公众参与环境管理的一种重要方式，要保障公众参与权的有效行使必须要充分保障公众的救济权。

3

国外环境保护公众参与
制度的考察和借鉴

在西方发达国家，公众参与在环境保护中占有极其重要的地位，相关法律制度也较完善。其中以美国、日本、加拿大、欧盟及欧盟各国等为典型。

3.1 国外环境保护公众参与制度

3.1.1 美国公众参与环境保护的立法及实践

美国自下而上的环境保护运动开展较早，公民环境意识普遍较高。各类民间环保组织活跃而政治能量巨大，在各级政府部门、专家系统和科研部门之外形成环境保护的第三股势力。采用法律手段实现对污染和生态破坏的治理、补偿、监督和控制，督促政府作为解决环境问题，是它们常用的策略。因而美国环境立法历来就有重视公众参与的传统：❶

首先，1969 年制定的《美国国家环境政策法》（*National Environmental policy Act*，NEPA）为公众参与环境保护作了原则性规定，其第 101 条（c）款规定："国会认为，每个人都可以享受健康的环境，同时每个人也有责任参与环境改善与保护。"

其次，美国首开公众参与环境影响评价制度的先河。根据《美国国家环境政策法》第 102 条规定，美国联邦政府的所有机构的立法建议和其他重大联邦行动建议，在决策之前要进行环境影响评价，编制环境影响评价报告书，而且需要向公众公开，征求公众的意见。如《美国联邦土地政策管理法》第 103 条的定义为："在制订公有土地管理规则、作出关于公有土地的决定及制订公有土地的规则时，给受影响的公民以参与其事的机会。包括给他们以参加在受影响的土地的所在地召开的公开会议或公民意见听证会的机会，参加咨询的机会或者在特殊情况下，采取其他程

---

❶ 王曦. 美国环境法概论 [M]. 武汉：武汉大学出版社，1992：208.
肖剑鸣. 比较环境法 [M]. 北京：中国检察出版社，2002：126.

序给他们创造对此提出各种评论的机会等。"❶

再次，"公民诉讼"条款的规定。美国环境法中的公民诉讼，是指公民可以依法对违法排污者或未履行法定义务的联邦环保局提起诉讼。例如为了减轻原告的诉讼费用负担，鼓励公众对行政机关进行监督，《美国清洁空气法》规定法院可决定诉讼费用（包括合理数额的律师费和专家作证费）由诉讼双方的任一方承担。这项规定意味着原告的诉讼费用有可能由被告负担。为了方便公民进行诉讼，各单行环境法规规定了较完备的相关条款。

最后，保障环境保护公众参与知情权的立法。建立环境信息公开制是美国保障公众参与环境保护的主要途径。在主要的环境立法中，都规定了环境信息对公众公开的必循条款，而且通过专门的《美国应急计划和社区知情权法》以保障公民的环境知情权。

3.1.2 日本公众参与环境保护的立法及其实践

在日本的环境管理中，政府、企业和公众三者相互促进、相互制约的"三元"结构，使得日本的环境管理基本上是处于一种"政府控制型"和"社会制衡型"相结合，

❶ 赵国清. 外国环境法选编［M］. 北京：中国政法大学出版社，2001：795.

或者说是"自上而下"和"自下而上"方式相结合的运行模式。❶ 日本学者指出：环境法的最终课题是，通过居民的参加，提供民主地选择环境价值的实现与其他基本人权的调和的法律结构，创造出能够把环境价值也考虑进来的谋求公民最大福利的社会制度。❷ 政府通过将公众环境权益法律化、制度化、将公众参与的程序纳入政策制定的过程中等手段进一步加强社会制衡的作用。从日本社会环境保护历程看，公民参与环境管理的机制已渗透到环境管理的全过程。

《日本环境基本法》是一部充分考虑公众参与程序的法律，法案本身在制定过程中就有公众参与。《日本环境基本法》中有关公众参与的法律规定主要有以下几方面：❸

首先，明确规定了企业和国民进行环境保护的职责。第8条第1款规定，"企（事）业有责任根据基本理念，在进行企业活动时，采取必要的措施，处理伴随此种企（事）业活动而产生的烟尘、污水、废弃物以及防止其他公害，并且要妥善保护自然环境"。第8条规定，国民应当根据基本理念，努力降低伴随其日常生活对环境的负荷，以便防

❶ 余晓泓．日本环境管理中的公众参与机制 [J]．现代日本经济，2002 (6)：12.

❷ 原田尚彦．日本环境法 [M]．于敏，译．北京：法律出版社，1999：69.

❸ 高金龙，徐丽媛．中外公众参与环境保护的立法比较 [J]．江西社会科学，2004 (3)．原田尚彦．日本环境法 [M]．于敏，译．北京：法律出版社，1999：176.

止环境污染。

其次，重视民间环保团体在环境保护中的作用。《日本环境基本法》第 26 条规定，"国家应当采取必要的措施、促进企（事）业者、国民或由他们组织的民间团体自发开展绿化活动、再生资源的回收活动及其他有关环境保护的活动"。此外，以环境基本法为指导，日本单行环境法对公众参与作了具体的规定。日本《大气污染防治法》第 18 条规定，企业应在把握伴随其企业活动而向大气中排放或飞散有害物质的状况的同时，为控制该排放或飞散而采取必要的措施；任何人都应努力控制伴随其日常生活而向大气中排放或飞散造成大气污染的物质。《日本水污染防治法》也有类似的规定。

再次，确立了环境公益诉讼制度。当行政机关的行为使国民完全被置于环境上的利益受到损害或有受到损害的危险的地位上，而通过其他程序却很难得到适当救济的时候，国民可以通过请求取消行政机关的处分及其他相当于公权力行使的行为的诉讼；公众可以就行政机关懈怠其职务（不作为）发动请求权，提起要求对侵权人课以义务的诉讼；由于环境行政上的措施的原因，地方公共团体支出了不必要的费用时，居民可以对该费用支出得当与否提起居民诉讼。

最后，日本环境法中另一个非同一般的做法是私人污染防治协议，❶ 这种协议一般都是地方当局与排污方签订的。私人协议可规定较法律更严格的排放标准，还可以规定环境影响评价程序，地方当局（或市民）进行常规的监测和检查，甚至对污染行为实行严格责任制度。这种协议对配合公众压力去阻止工厂排污已在实践中发挥了令人信服的作用。另外，日本法律明文规定：污染造成的人身伤害，可以直接由政府负责补偿。

3.1.3 加拿大环境保护公众参与立法概述

1999 年修订的《加拿大环境保护法》被称为发达国家最先进的此类立法之一，就公众参与制度在公民的知情权、请求调查权、环境诉讼权以及在报告他人环境违法行为后的安全保障权等方面制定了比较完善的制度。其最重要的修改包括拓展了公众参与的具体途径，将公众参与的规定具体化：❷

首先，在参与环境法律法规的制定方面，规定设立网上环境登记处，提供环境信息、数据、状况，便于公众对与环境有关的法律文件从草案提议到最终通过进行全程监督。并且可以表达意见，借此保证公众的环境知情权和参与权的实现。❸

---

❶ 黄桂琴．论环境保护的公众参与 [J]．河北法学，2004（1）：57.
❷ 那力．论环境事务中的公众权利 [J]．法制与社会发展，2002（2）：102.
❸ 高金龙，徐丽媛．中外公众参与环境保护的立法比较 [J]．江西社会科学，2004（3）：252.

其次，在具体的环境行为上，使公众参与具体化和制度化，给公众参与留有充分的空间。如海上处置废弃物的许可发放要经过公众通知阶段，有 30 日的等待期，以便公众提出反对意见。根据环境保护法作出的行政规章、部长命令公布后有 60 天的评议期，可以提出异议，要求成立评论委员会听取异议理由等。

再次，在参与环境诉讼方面，公众、个人都可以对环境违法行为提出调查请求，如果部长调查后未采取适当行动，可以对违法者提出属于公益诉讼的环境保护诉讼，要求法院判令停止损害，因环境违法行为遭受人身财产损害的，则可以通过民事诉讼要求损害赔偿。

最后，在举报人的保护方面：保护举报人条款禁止披露举报人身份，解雇、骚扰、处罚举报人都是明文规定的违法行为。

3.1.4 欧盟及欧盟国家环境保护公众参与立法概述

欧盟认为环境权在本质上更应具有程序性特征，包括以下三种程序权利：所有个体知悉对环境产生影响的计划和项目的权利；参与环境决策的权利；遭受环境损害时获得充分赔偿和补偿的权利。欧盟确立了公众参与的法律地位，规定了多样的公众参与方式，成立了专门机构——欧洲环境局，独立负责收集和提供准确而可比较的环境信息。欧盟理事会 1997 年 3 月制定的《关于制定公共和私人项目环境影响评价指令修正案》，对公众参与问题作了明确规定。1998 年 6 月 25 日，欧洲委员会通过了《公众在环境事务中获得信息、参与决策和诉诸司法权利的奥胡斯公约》，对公众在环境决策方面的参与权规定了三个层次：一是对具体环境活动的决策参与；二是对与环境有关的计划和政策决策的参与；三是对现行行政法规和法律决策及执行过程的参与。该公约对公众参与环境事务的规定是全方位的，从具体的环境事务到环境计划决策，再到法律政策的执行，对公众参与权的认可也是全方位的。

瑞典将公众参与作为一项环境法的原则写进法律。在英国，环境权的实体性权利得到程序性权利的强有力支持。作为程序性权利的环境权，其要义便是公民参与国家的环境决策——英国法规定公众可参与国家环境管理预测和决策的全过程，一切感兴趣的人均可参与。1995 年《法国关于加强对环境的保护》的法律中创立了一项新的民众咨询制度。● 该法规定，在从事涉及全面利益的大规模治理项目前，必须进行民众咨询，该法规定成立民众咨询全国委员会，任务是组织民众讨论有关大型项目。1999 年颁布的《法国环境法典》中则将公众参与的原则一直贯穿其中。❷该法第 110 条规定：从事对国家这些共同财富的妥善保护、

● 黄桂琴. 论环境保护的公众参与 [J]. 河北法学，2004（1）：58.
❷ 常纪文. 环境法基本原则：国外经验及对我国的启示 [J]. 宁波职业技术学院学报，2006（1）：23.

开发利用、修缮恢复及良好管理必须在有关法律规定的范围内，遵照下列原则进行。其中的第 4 个原则是参与原则，对于该原则，该法规定："根据第 1 项指出的参与原则，人人有权获取有关环境的各种信息，其中主要包括有关可能对环境造成危害的危险物质以及危险行为的信息。"该法还专门设立第 2 编"信息与民众参与"，分为对治理规划的公众参与、环境影响评价的公众参与、有关对环境造成不利影响项目的公众调查和获取信息的其他渠道四章，具体细致地规定了公众参与环境保护的目的、范围、权利和程序。该编所涵盖的公众参与原则包含增加透明度和有组织的咨询等内容。其中，关于公众调查的法律规则是实施增加透明度和有组织咨询原则的基础。关于公众调查的目的，该法第 3 章有关对环境造成不利影响项目的公众调查第 123 条规定："调查的目的：一方面向群众发安民告示；另一方面在从事影响评价之前，征求群众的意见、建议和反建议，以便使得职能部门更加全面地掌握必要的信息。"法国的环境保护协会活动亦相当活跃，在现有的大量环境保护委员会内均有其代表，积极参与官方在环境保护方面组织的一切活动。这些协会可以行使环境保护方面的民事权利，他们可以接受自然人的委托，从事任何法庭判决的补救行动，这就是人们称作的"联合代表行动"。德国法律中的协作原则规定：国家机关、民间组织必须团结协作，预防未来可能出现的新一类环境损害，并治理过去已形成的环境灾害。因此，要求相互以听证会等活动方式交换信息，使国家、社会、团体和个人都来履行保护环境的义务。

3.2　国外公众参与环境保护的主要经验

　　公众参与的法律机制在西方国家环境保护领域占有非常重要的地位。对于法治程度高、环境立法历史时间长的国家尤其如此。基于政治制度、国情等方面的不同，我们不可能完全照搬西方国家的环境立法和环境保护公众参与的模式，但是，各国在环境问题解决路径上有着高度同一性，发达国家比较先进的环境管理理念和法律制度设计仍然有很多值得学习和借鉴的地方。❶ 考察以上各国公众参与环境保护的立法及实践，其可资借鉴的主要经验在于以下几方面。

3.2.1　立法确认公民环境权，将之具体化、制度化

　　西方发达国家环境法规完备，且体系结构完整。通过宪法和环境基本法确立公民的环境权，是保障公众参与或公众权利的最具决定性的方式。从环境权这一基本权利出发，可以明确规定公民在有关环境事务方面的知情权以及参与环境事务的讨论权、建议权等具体权利。

　　法律结构相当完整，包括了环境权、信息权、参与权、

---

❶ 黄桂琴. 论环境保护的公众参与 [J]. 河北法学, 2004（1）: 57.

救济手段四大基本的立法内容，从法律上规定和保障了公众参与环境管理的各项权利。❶ 单行法规（如 EIA 法、许可证法）相应确立了重要的公众参与程度和制度；同时比较完善的行政法律给予了公众参与立法强大的支持，尤以美国为典型。

通过立法将公民环境权细化、具体化和制度化，以保障公众参与的实现。❷ 即，以公民的实体环境权为前提和依据，将其细化为程序性环境权，如环境知情权、环境参与决策权和获得司法救济权等，以此作为实现公民实体环境权的有效途径。

3.2.2 建立比较完备的环境保护公众参与的途径和形式

公众参与环境保护的途径和形式一般分为两种类型：❸ 一类是法定的或主要由政府提供的途径和形式。大致有但不限于下列方式：召开环境事务审议会、咨询委员会、非正式小型聚会、一般公开说明会、社区组织说明会、公民审查委员会、听证会等；组织和鼓励环境科学技术方面的

---

❶ 周珂，王小龙．环境影响评价中的公众参与 [J]．甘肃政法学院学报，2004（3）．

❷ 常纪文，陈明剑．环境法总论 [M]．北京：中国时代经济出版社，2003：148．

❸ 曹明德，王京星．我国环境税收制度的价值定位及改革方向 [J]．法学评论，2006（1）．

研究；推行生态标志、绿色产品；在环境影响评价中征求公众意见；在有关环境问题的政府管理机构、决策机构中给公众代表提供一定席位，等等。另一类是非法定的或主要由公众自己选择的途径和形式。主要是指公众自身的群众组织或环境保护的民间团体自主的展开一系列活动参与环境保护，如有关环境保护方面的宣传、教育、信息交流、科学技术研究、监督检举、起诉、咨询、调查研究等。

3.2.3 建立比较健全的公众参与环境决策的机制

西方国家在环境管理的许多重要制度中建立了具体的公众参与的法律程序，❶ 例如在制定环境政策和环境行政法规时有通知评论程序（如美国），在环境影响评价制度和许可证制度中有公众听证会（如加拿大和欧共体等），在法律实施监督方面有顾问委员会制度（如德国）。对公众参与的内容作出了明晰的程序性规定，如在听证前，先向公众公开环境影响评价报告书、说明书等文件，保证公众对听证内容有全面的了解，并有充足的时间来准备意见；随后正式举行环境影响评价听证会或审议会，邀请公众参加会议，如实记录公众的意见反馈，回答公众的质询，听取公众的异议；最终在环境影响报告书或审议中充分反映公众的意见，特别是不同意见。

❶ 曲格平. 环境保护知识读本 [M]. 北京：红旗出版社，1999：278.

3.2.4 建立较为完善的环境信息公开制度

"公开"的理念最早可以追溯到古希腊的政治法律思想中。亚里士多德在《政治学》一书中指出："只有看得见的正义才是公正。"西方社会现代意义上的"知情权""阳光下的政府"等概念，是20世纪60年代风起云涌的民权运动的产物：民主需要实行多数人的选择，法治需要将多数人的意志上升为法律并得到遵守和执行。要保证多数人选择的正确、多数人的意志符合客观规律，就需要公众能够充分地了解有关情况，即让公众能通过有效途径获取政府文件、知晓有关情报（或称公众信息），此类权利因此被称为"知的权利""了解权"或者"知情权"（the right to know）等。"公开性"已经成为衡量国家政治制度是否民主的重要标志。❶目前为止，已有瑞典、芬兰、丹麦、挪威、荷兰、法国、德国、美国、加拿大、澳大利亚、新西兰、韩国、日本等国制定了情报公开法或有关的法律。其中又以美国的公开制度影响最大，为各国所借鉴、效仿。

环境保护公众参与的前提是获取信息，公众知情权的保护是法律机制中的重要内容。公众有获得环境信息的权利（又称信息权或知情权），既是公众参与环境管理的前提

---

❶ 杨振东，王海青．浅析环境保护公众参与制度［J］．山东环境，2001（5）．

条件，又是公众参与权和民主程序的一个重要特征。在《世界人权宣言》第 19 条、《公民及政治权利国际公约》第 19 条以及许多其他国际条约和国际法律政策文件中均有关于知情权的规定。《关于环境与发展的里约宣言》强调："在国家一级，每一个人都应能适当的获得公共当局所持有的关于环境的资料，包括关于在其社区内的危险物质和活动的资料，并应有机会参与各项决策进程。各国应通过广泛提供资料来便利及鼓励公众的认识和参与。应让人人都能有效地使用司法和行政程序，包括补偿和补救程序。"❶

多数国家的环境法确认环境知情权为基本权利。例如，乌克兰共和国的《乌克兰自然环境保护法》第 9 章规定：公民有权依法定程序获得关于自然环境状况及其对居民健康的影响等方面的确实可靠的全部信息。

发达国家的环境信息公开法具有从一般法到特别法的各种层次，为公众提供广泛、充分、积极、简便、实际可操作的获取信息的途径。其立法可大体分为两种体制，一种是在专门的环境法规中作出有关信息的规定，如 EIA 法（加拿大）；另一种则体现在基本法或一般法里，例如《情报自由法》（美国）、《行政公开法》（荷兰）及其他一些国家的环境基本法、行政基本法里。这些法律对政府和企业公开有关环境决策和管理、环境问题状态等信息的范围作

---

❶ 王灿发. 论我国环境管理体制立法存在的问题及其完善途径 [J]. 政法论坛，2003（4）.

出明确界定，信息公开范围广泛；规定了环境信息公开的方式，公众可以依一定程序申请获取相关环境信息，政府和企业负有环境信息公开义务；公众在环境知情权受到侵害的情形下，可依一定的民事、行政程序主张对权利的救济。

这些信息公开法规定的信息提供方式有两种：消极型和积极型。消极型是指在提出某一明确请求后，公众才允许获得政府有关行动信息的方式；积极型则是要求政府或企业无需公众请求，主动向公众发布、传播信息的方式，如环境年度公报，有毒物质排放清单等。由于政府与公众在环境保护信息的获取和占有上存在不对称性和不平衡性，因此西方国家环境信息提供方式总的来说趋向积极型，以缓解公众在信息获取方面的被动局面，解决政府与公众合作过程中信息占有上的不平衡状态，缩小强势和弱势群体在信息获取方面的优劣差距，从而增强公众参与的有效性，实现公众与政府的有效沟通，保障公众参与机制效能的有效发挥。

在环境管理领域，美国首先建立了污染情报公开制度。随着美国《美国联邦行政程序法》《美国情报自由法》《阳光下的政府》等一系列法律的颁布和实施，给环境管理行政方面信息公开打下了良好的基础。1986 年通过了《美国知情权法》（right-to-know act），该法规定政府、企业必须将对公民安全有影响的化学污染物质的情报向当地居民、操作人员和所有美国公民公开，并制定《有害化学物质排出目录》（TRI），要求企业每年向美国环境保护局和地方当局报告有害化学物质的来龙去脉，对产业界产生巨大的影响，逼迫企业向清洁企业方向转变。据美国化学制造业协会分析 TRI 数据，从 1989~1993 年 5 年间，美国化工行业生产量提高 18%，排入环境中有害化学物质减少 49%，废弃物削减 56%，1993 年的再利用率提高至 55%，实践证明：实施《美国知情权法》不仅没有影响企业的竞争力，反而提高了企业的技术水平，促进了经济的发展，保护了环境。美国环境保护局评价这项情报公开制度是美国环境政策最成功的一例。❶ 美国的环境评价制度也非常注意信息公开问题。贯穿于美国环境评价制度的主线是"制作"和"公示"。美国环保局（EPA）及 CEQ 在环评中无审核之权，仅起建议、指导和协调作用。美国整个环评程序自始至终问题上都无"审核"二字，审核的实质却寓于程序的全过程中。❷ 由于在程序中强调公示，充分注意社会各界及公众的意见的征求，最终报告书实际上是各方面意见的集中，评价结论可代表最佳方案。

企业的生产与排污是造成环境问题最常见与主要的原因，所以企业环境信息披露关系到环境保护工作的成败。❸ "企业的环境行为是产生并制约公众环境利益诉求的一个极

❶ 洪蔚. 美国的污染情报公开制度 [J]. 环境导报，2000 (1).

❷ 肖剑鸣. 比较环境法 [M]. 北京：中国检察出版社，2003：473-474.

❸ 周珂，王小龙. 环境影响评价中的公众参与 [J]. 甘肃政法学院学报，2004 (3).

其重要的因素，企业环境信息的披露，影响到政府环境公共政策和具体环境保护行为的正确实施，更关系到公众对其所处环境状况和环境权益的正确了解。企业环境信息有效充分的公开，有利于公众参与过程中政府和公众对各自行为动向的正确把握，避免两者互动过程中的信息失真，从而成为公众参与机制有效运行的重要保障。"❶

逐步推行企业环保领域的信息公开制度可从三方面入手：首先，应当引入和加强企业环境审计和会计工作。在日本，"企业公布自己的环境负荷以及在环保方面的绩效的主要媒介是年度环境报告书。日本环境省对各企业的环境报告书的构成和内容都提出了具体的标准。另外，环境会计也被认为是信息手段的一种。所谓环境会计，指对企业在环保方面投入的费用和产生的效益尽可能进行定量化记载和分析，一方面可以据此提高经营管理效率，另一方面可以据此对环境绩效进行评价。据统计，在2000年有350家日本企业导入了环境会计系统"。❷ 其次，对于在经济中发挥重要作用的上市公司，应当推广在其年报中环境信息披露的做法，将上市公司的环境信息公开状况同其上市及扩融直接挂钩。❸ 最后，进行企业环境行为信息公开化评

❶ 冯敬尧. 公众参与机制研究——以环境法律调控为视角 [D]. 武汉：武汉大学，2004：44.

❷ 季卫东. 从行政规制到利益诱导——日本推动环境保护和可持续发展的法制手段 [M] //吴敬琏. 比较（第二十一辑）. 北京：中信出版社，2005：5.

❸ 冯敬尧. 公众参与机制研究——以环境法律调控为视角 [D]. 武汉：武汉大学，2004：5.

级，促使环境信息公开成为是企业的一种日常工作，安排相应的机构和人员予以实施，并采取相应的企业内部协调措施，接受和处理公众对其所披露信息的反馈意见，保证此项工作的持久有效的开展，形成公众、政府和企业相互之间良好的信息交流。

3.2.5　确立民间环保团体在环境保护中的法律地位，促其广泛介入环境事务

　　许多国家环境法律都规定了公民有权依法成立旨在保护环境的社团组织，并对民间组织参与环境保护作出了专门规定。❶ 例如，在洪都拉斯，根据该国《环境普通法》第13条的规定，国家环境协商委员会中应有一个环境非政府组织的代表的席位；该法第102条还规定，国家环境协商委员会应就打算采纳的环境和自然资源的保护计划和措施与相关非政府组织进行协商。在赞比亚，根据该国《环境保护和污染控制法》（1990年）第4条和第6条的规定，国家环境委员会应为环保非政府组织的一名代表和两名私人公众代表提供席位。❷ 在斯里兰卡，有7位环境志愿机构的代表被任命进入环境委员会，以帮助该委员会履行其职责。有些国家的环境法规已规定政府机关必须对公众或环境团

---

❶　周汉华. 外国政府信息公开制度比较 [M]. 北京：法律出版社，2003.

❷　曹明德，王京星. 我国环境税收制度的价值定位及改革方向 [J]. 法学评论，2006（1）.

体提供各种帮助和服务，包括但不限于：及时通报有关环境情况；提供环境法规、政策、计划文件和其他有关信息资料；提供法律咨询；提供技术咨询；协助组织活动；等等。

这些社团组织代表了各自群体的环境利益，较个体公民相比，拥有从事环境保护活动更大的优越性和更强的能力，比如其掌握更多的环境信息、科技手段和专业知识，可以及时通报环境消息和提供技术咨询，还可以为受到环境侵害的公民提供法律上的咨询和帮助，帮助公民维护自身的合法环境权益。此外，这些组织还能够以公众代表的身份与国家或地方政府进行环境事务方面的有效合作，充分地参与到环境保护的决策过程中去，协助政府制定环境政策、方案、行动计划以及相关规范，并敦促和监督这些政策、方案、计划和规范的实施，在各国环境保护运动的实践中都展现出巨大的能量。

3.2.6 建立法律救济制度，保障公众提起环境诉讼，维护其合法环境权益

公众的控告权、申诉权、起诉权是属于法律救济制度的内容。❶ 发达国家在这方面的制度相对比较完善，在法律中规定有很多救济手段：声明异议、申诉、控告检举、请

---

❶ 杨振东，王海青. 浅析环境保护公众参与制度 [J]. 山东环境，2001 (5).

愿、听证、复议、诉讼等。其中听证、复议、诉讼是最重要的救济方式。

通过环境立法保障公民环境诉讼权利，是实行公众参与的有效形式。环境诉讼是公众参与环境保护的一种重要方式，特别是当政府机关不履行环境立法规定或从事违法行政行为时，由公众提起环境行政诉讼往往要比建议、申诉、抗议、示威、游行等形式更为有力。实践表明，政府环境管理行政部门及其工作人员可能由于屈从某种压力、诱惑、私利或偏见而实施不当、出现违法的行为，这时如果没有公众以第三方的名义出来抵制，这种违法行为很可能畅通无阻。日本富井利安教授认为："公害审判和环境保护诉讼必然是在受害者救济运动和居民运动的推动下才得以进行的，运动和审判是车子的两个轮子，而且审判更多是作为运动的一项被提起的，在这个意义上就带来了它与通常的民事诉讼属于不同性质的问题。"❶

另外，当单位或个人实施违法行为、造成环境民事损害时，如果没有公众出来提起诉讼，实行"不告不理原则"的政府或法院很难主动进行干涉。❷ 例如在美国，塞拉俱乐部（the Sierra Club）、绿色和平（Green Peace）等NGO组织提起过无数的诉讼，保障了诸如《美国国家环境政策法》

---

❶ 黄桂琴. 论环境保护的公众参与 [J]. 河北法学，2004（1）：58.

❷ 田良. 论环境影响评价中公众参与的主体、内容和方法 [J]. 兰州大学学报：社会科学版，2005（5）.

《美国清洁空气法》和《美国清洁水法》等环境法律的实施。

值得一提的是,在西方,公众申诉控告可以运用一种独特的救济手段——行政监察专员制度(Ombudsman)。这种制度始自 1809 年的瑞典,后在挪威、芬兰、丹麦等北欧国家及很多英语国家所采用。任何受害人都可以向受议会任命的独立于行政机关的行政监察专员提出申诉,行政监察专员接受申诉后进行调查,最后向有关行政官员提出建议。公众向行政监察专员控告申诉不是针对行政违法行为,而是各种不良行政行为,如官僚作风,不负责任的言行等。虽然行政监察专员的建议的补救方法不具有法律强制力,但由于行政监察专员的地位和议会的支持,行政机关绝大多数情况下都会接受建议。现在不少国家在环境管理领域广泛使用这种制度为公众提供申诉和救济的途径,更全面地保护公民的环境权益,因为损害公民的环境权的行为不限于违法行为,行政管理不良的行为同样会侵害公民的利益。

3.2.7　重视环保教育与宣传

参与环保决策是公众的权利,但公众自身环保意识的提高也不容忽视,因为绿色价值观等生态观念是公民参与环保的思想基础。只有具备了基本的环境知识,公众才能采取相应的环境保护行为。❶ 加拿大的 V. Chris Lakhan 和 Placido D Lavalle 在对圭亚那的 1600 个市民进行了面对面的调查、分析后发现：影响个人对环境关注的因素，主要来自于个人所受的教育，而与调查人的居住地、性别等其他因素的相关性甚低。

环境问题的全球化和国际化提出了衡量环境问题的新尺度，其中最重要的是要唤醒、树立公众的绿色意识，这既需要立法保障，更需要公众积极参与环保公益行为。1982年的《内罗毕宣言》第 9 条提出："应当通过宣传教育和训练，提高公众和政府对环境重要性的认识，在促进环境保护工作中必须每个人负起责任，并且参与具体的环境保护工作。"❷

从世界范围来看，环境保护做得好的国家，公民的环保意识和参与程度都比较高，反之亦然。重要原因之一，在于经济发展水平较低制约了公众参与环境保护的积极性。一般来说，收入水平越高，人们对环境的关注度也越高，改善环境、追求环境质量的愿望就越强。经济不发达对公众参与的副作用，还表现在人们不愿意为了保护环境而放弃发展经济的机会，哪怕这种经济发展是以高昂的环境成本作为代价的。重要原因之二，在于认识水平低是造成公

---

❶ Citizen 2000. development of a model of environmental citizenship ［J］. Global Environmental Change, 1999（99）：25-43.

❷ 高清. 刍议环境保护的公众参与 ［J］. 经济问题, 2008（6）：49.

众参与程度低的客观因素。从某种角度来说，认识水平是比经济因素更根本、更深层的原因，因为一些保护环境的行为只是举手之劳，比如不乱丢垃圾、爱护花木、保持公共卫生等。一般说来，受教育程度越高，环境意识越强。而除了教育因素外，认识水平还与社会整体意义上生态观、伦理道德观、发展观有关。

提高公众认识水平最根本、最重要的手段是环境教育。环境教育应当是一种全民教育，它包括学校教育、职业教育和社会教育三个层面。❶ 只有三个层面结合起来，才能使人人都意识到保护环境与自身利益息息相关，激发公众的责任感和参与意识。

学校教育作为一种正规教育，应当将环境教育列入从幼儿园到大学的教学大纲中，从小培养学生的环境意识，逐步教授环保知识，并引导他们从小事做起参与环保，把环保意识强化为一种习惯，当学生们带着这种习惯走入社会，就会从根本上改变社会。

职业教育则是面向社会从业人员的教育，通过岗位培训、制定环保制度和开展环保活动等多种形式，使他们了解环境保护的重要性，在具体的工作过程中贯彻实施。❷ 这种教育对企业来说显得更为重要，因为它既能同企业节能

---

❶ 陈少坚，张云峰．论环境保护与公众参与 [J]．广东化工，2009 (11)：35.

❷ 杨振东，王海青．浅析环境保护公众参与制度 [J]．山东环境，2001 (5).

降耗的经济目标相结合，同时又为企业环境目标的实现提供了保障。

社会教育则是面向社会公众的教育，范围最广泛。

英国的 Maria Hawthorne 和 Tony Alabaster 的研究表明，❶在环境教育中的参与与训练是产生对环境负责的行为最重要的促进因素，环境教育远非学习抽象的环境知识就能奏效的，而在参与环境活动中学习才是最重要的途径。❷ 因此，在环境教育活动中，不仅要为公众提供环境的基本知识，还要使公众获得在环境中参与和体验的机会。在参与的过程中，公众可以认识到不仅政府要对保护环境负责，公众自身对于周围环境的改善也有不可推卸的责任，从而自觉地在日常生活中节约资源、减少污染。

3.2.8　充分发挥媒体作用

21世纪伊始，美国发行量最大的新闻杂志《时代周刊》询问读者："你在新世纪最关心什么？"结果环境问题位居榜首。❸ CNN对亚洲包括印度、韩国、日本、中国在内的 27 000名观众进行电话采访，发现人们关注点上升最快的是

---

❶ 曾宝强，曾丽璇. 香港环境NGO的工作对推进内地公众参与环境保护的借鉴［J］. 环境保护，2005（6）：77.

❷ 曹明德，王京星. 我国环境税收制度的价值定位及改革方向［J］. 法学评论，2006（1）.

❸ Jim Detjen. What 15 the Environmental Journalism［R］. 北京：全国记者协会，2002.

环境和健康。

媒体是向公众传播环境文化、传递环境保护信息的重要载体，在宣传环境保护方针政策、法律法规、科普环境保护知识以及动员公众参与环境保护各项活动方面，在将保护环境、改善生态、合理利用与节约各种资源的意识和行动渗透到公众的理念中，都起着十分重要的作用。

公众对环境问题的关注和媒体对环境问题的报道两者之间存在着相互促进螺旋上升的关系。媒体对环境问题的报道唤醒和激发了公众的环保意识，使公众对环境问题的关注度得到前所未有的提升。公众环保意识提升进而增加了了解更多环境问题的需求，使环境问题在新闻报道中所占的比重也就越来越多，从而帮助更多的受众了解、认识环境问题。❶ 在这种相互作用的基础上，脱胎于 20 世纪六七十年代美国环保运动的环保传播经历了从产生、发展到被人认识并得到重视的过程，成为世界范围内研究的热点。20 世纪 80 年代中后期，不少国家纷纷成立环境记者协会。亚太地区于 1988 年成立亚太环境记者协会和环境记者信息网络，总部设在斯里兰卡，现在共有 8000 名来自 42 个国家的记者加入。1987 年，全美环境记者协会在华盛顿成立，最初只有几名记者发起，1989 年会员已达 1100 人。❷ 为了

---

❶ 周珂，王小龙. 环境影响评价中的公众参与 [J]. 甘肃政法学院学报，2004（3）.

❷ 田良. 论环境影响评价中公众参与的主体、内容和方法 [J]. 兰州大学学报：社会科学版，2005（5）.

奖励环境记者对环保作出的贡献，许多环保组织、基金会还设立专门的环境报道奖项，英国路透社和国际自然保护联盟联合设立的环境媒体报道奖，还有在亚太地区设立的"绿笔奖"。联合国设立的"地球500佳"也特别将媒体列入授奖对象。总部设在英国的"世界环境影视网络"还无偿向全世界提供环境影视资料服务。

4

环境保护公众参与的
理论与现实基础

任何制度和机制的建立必然有其理论上的合理性和现实的必要性，本章首先从经济学理论分析环境保护中公众参与制度的正当性，即厘清公众参与的经济学理论基础，再从法理学角度分析环境保护中公众参与制度的法理基础，最后讨论我国环境保护公众参与制度建立的现实制度和社会基础。

4.1 环境保护公众参与的理论基础

环境保护公众参与是民主理念的体现和扩展，作为一种社会管理和公共事务方面相对独立的行为模式，近年来逐渐凸显出自己的特点。❶ 社会经济的迅速发展，导致环境利益出现多元化的局面，政治体制改革和民主化趋势及民众环境权利意识的觉醒，我国群众的公众参与意识在不断增强，对环境保护公众参与理论的研究也是迫在眉睫。

4.1.1　环境保护公众参与的经济学基础

环境保护公众参与的经济学研究视角需从外部性入手。研究外部性是指一个生产者对其他人不付代价的影响，可以存在正外部性，也存在负外部性。现代经济学将外部性定义为市场价格不能反映生产的一般社会边际成本，因此，产生了"市场失灵"，从而导致市场经济自身不能达到有效率的状态。一般而言，工业生产必然会对环境产生负面影响，进而会影响到未参与该生产交换的其他"无关"人员的身体健康或其他利益，因此，环境污染是一种典型的负外部性。❷ 有关污染的案例常常被经济学家用来分析外部性及其解决方法。对于经济学家来说，达成一致的观点是对外部性进行内部化，即让"无关"人员参与到生产交易过程中来，这样通过对外部性的内部化，就解决了外部性带来的一系列问题。

---

❶　曲格平. 环境保护知识读本 [M]. 北京：红旗出版社，1999：278.

❷　周汉华. 外国政府信息公开制度比较 [M]. 北京：法律出版社，2003.

然而，对于如何将外部性内部化，却存在争议。最早由福利经济学家庇古在 20 世纪 20 年代提出了社会成本问题，即将生产者污染环境造成的损害认定为社会成本，生产者得到了收益，但相关受损者却未得到应有的补偿。庇古的思路是将这类外部性的社会成本由生产者单方面进行内部化，要么让生产者对受损者进行赔偿，要么由政府部门对生产者进行征税。❶ 即通过税收的方法让外部性内部化，从而让生产重新达到帕累托最优。从此在相当长的一个时间段内，部分国家以庇古的理论为基础，对一些环境污染者进行征税。

对于庇古的解决方法，在 20 世纪 60 年代经济学家科斯提出批判，由此开创了制度经济学。❷ 科斯在其著名的论文《社会成本问题》中指出庇古的方法的错误在于，庇古将问题看成是生产者甲损害了未参与者乙的利益，即将问题看成单方面的，因此解决问题的思路也是单方面征税。❸ 而科斯认为问题的本质在于，这类问题具有相互性，即让生产者避免对其他未参与交易者造成的损害，对生产者来说也是一种损害，问题的关键不在于让甲避免对乙的损害，而是清晰地界定产权，当交易成本为零时，不论怎样界定产

❶ 马燕，焦跃辉. 论环境知情权 [J]. 当代法学，2003 (9).

❷ 高金龙，徐丽媛. 中外公众参与环境保护立法比较 [J]. 江西社会科学，2004 (3).

❸ 徐祥民，田其云，等. 环境权环境法学的基础研究 [M]. 北京：北京大学出版社，2004.

权，最终甲和乙都能通过谈判和协商使生产总值最大化，即达到社会最优。

从外部性角度看，科斯提出的外部性内部化方法是通过法律制度来清晰地界定产权，从而让本来未被原来生产交易包含进来的局外人参与到交易中来。这被认为是公众参与制度的经济学理论基础。即通过法律界定公众的环境权，并通过一定的制度让公众能够与污染制造者谈判协商，达到以公有的产权界定和接近于私有的激励机制让公众参与到环境保护中。这一理论被西方用于指导社区环境治理，取得了一定的效果。

虽然科斯的理论为环境保护的公众参与制度提供了理论基础，然而具体到实践层面还有很多问题。正如科斯自己在《企业的性质》中所指出的，交易成本分为三个方面，第一是信息的搜索成本，第二是契约的达成成本，第三是契约的实行成本。如果将上述交易成本理论具体应用到公众参与环境保护，还有个制度环境问题，那么政府的作用就至关重要，正如有学者指出的，要想让企业与公众就环境保护问题达成合意，政府必须就企业环境信息公开作出明确规定，以降低公众的信息搜索成本，还要为公众维权提供制度保障，从而降低契约成立和执行的成本。这就对政府提出较高要求。因此，经济学家们又将视角转向了政府行为，从而导致公共经济学派诞生。公共经济学是关于公共经济的研究，即研究那些并非纯属市场、并非纯属住户或厂商之间的关系的经济问题，侧重于逻辑（科学）分析以及伦理规范问题。"政府必须做什么"是公共经济学要解决的核心。❶ 公共经济学不仅研究追究人类、社会及其环境的目标，也探索实现目标的手段，❷ 分析相关问题中面临着的种种现实局限性与可能性，这些局限性与可能性，既与私人代理、也与公共部门中的个人与集体，如公务员、政府或议会中的政治家等的行为与动机相关。即探讨具体的政府行为，而不是和其他学派经济学家一样，将政府"虚化"。

而对集体事业、集体消费与公共产品的存在及其分析，是公共经济学的核心内容。由此经济学家们又针对环境保护一类的问题提出公共产品的概念。❸ 这个概念由经济学家保罗·萨缪尔森20世纪50年代的两篇论文提出。萨缪尔森提出并部分地解决了公共支出规范理论的一些核心问题，主要解决了三个问题：第一，如何用分析的方法定义集体消费产品；第二，怎样描述生产公共产品所需资源的最佳配置；第三，如何评价公共部门的支出提供财源的既有效率而又公平的税收体系。萨缪尔森认为每个人对公共产品的消费不会导致其他人对该产品消费的减少，并且公共产品具有非竞争性。后来萨缪尔森又以其他文献补充了公共

---

❶ 郝慧. 公众参与环境保护制度探析 [J]. 环境保护科学，2006（10）.

❷ 赵正群. 得知权理念及其在我国的初步实践 [J]. 中国法学，2001（3）：50.

❸ 周珂，王小龙. 环境影响评价中的公众参与 [J]. 甘肃政法学院学报，2004（3）.

产品的定义，即认为除了非竞争性，公共产品还有非排他性，即"公共产品是指那种不论个人是否愿意购买，都能使整个社会每一成员获益的物品。私人产品恰恰相反，是那些可以分割、可以供不同人消费，并且对他人没有外部收益或成本的物品"。此后有很多经济学家从非竞争性和非排他性角度来定义公共产品。

在经济学中虽然对公共产品的定义有差别，然而对于一些属于公共产品的具体案例却有共识，如大多数经济学家认为国防、教育、环境保护属于典型的公共产品。特别是公共产品不仅仅局限于产品，很多情况是一种服务，环境保护实质就是一种典型的服务型公共产品。虽然大部分公共产品应该由政府主导提供，如国防等，但是经济学家们达成一致的观点是，基于政府提供公共产品的低效率，公共产品并不排除私人供给。如经济学家格罗弗·斯塔林认为政府可通过与非营利性的和私营部门的组织签订合同取得该政府需要的产品和服务。塞拉蒙认为，在过去20多年里在世界各国涌现出一大批民间非政府组织。❶ 其原因是近现代以来的市场失灵和政府失灵，那些对公共产品的需要无法得到满足的公民便产生了通过自力的组合来满足对公共产品的需要，于是第三部门或非政府组织快速发展。❷

---

❶ 周汉华. 外国政府信息公开制度比较 [M]. 北京：法律出版社，2003.
❷ 王灿发. 论我国环境管理体制立法存在的问题及其完善途径 [J]. 政法论坛，2003（4）.

在环境保护问题上，尤其突出。也即环境保护的公共产品特性和公共产品的不排除私人供给，为公众参与环境保护提供了又一个经济学理论基础，并在环境保护实践中得到印证。

环境经济学并非一个独立的经济学分支，而是将庇古的外部性理论以及公共产品理论，微观经济学中的一般均衡和成本收益分析相关的工具应用于环境问题的分析。❶ 最早由美国政府的水资源利用部门的经济学家们开创。环境经济学要解决的核心问题是污染，即环境保护问题。其基本假设是自然界无法消灭物质，因此，生产必然伴随污染。环境问题的本质在于它们涉及了外部性和公共产品。社会怎样才能（以及应该怎样）确定它应该购买的环境质量的量，要是不能就此作出回答，就等于把事情交给市场处理。而事实证明，这种不做决定的行为会导致环境质量下降。要是能把个人的支付意愿汇总并且与实施的成本持平，那么，就能达到高于那一质量的最佳状态（帕累托最优）。一旦明确做出采用非市场机制的决定，那就会有很多方法可供选择，如由政府出面提供环境保护。环境经济学中长期存在的争论就在于如何找到非市场化的方法解决环境保护问题。经济学家们的观点大致分为两派：❷ 一派主张运用命

---

❶ 徐祥民，田其云. 环境权环境法学的基础研究 [M]. 北京：北京大学出版社，2004.

❷ 田良. 论环境影响评价中公众参与的主体、内容和方法 [J]. 兰州大学学报：社会科学版，2005（5）.

令—管制模式；另一派是主张经济激励模式。前者主张用命令的方式要求厂商做或不做某事，如改进设备、限制排污，来降低污染，后者则主张通过经济激励让厂商自己减少排污。但是环境经济学家们在环境保护属于公共产品问题上却存在共识，基本观点认为：第一，空气、水源等环境对于广大公众来说至关重要，不能将其视为私的所有权对象。第二，不论个人经济地位如何，所有人都有权对环境进行自由的使用。不能为了私人利益而将环境这类的公共财产重新分配，并限定一部分人的使用，而政府存在的目的正是要增进公共利益。第三，环境即使被污染，其实际状况也不能由个人测定，而必须依靠公共机构实施监督，因此，环境保护也只能委托于公共机构。当然在公共机构如何来保护环境上，不同学者有认识分歧。

部分学者就认为不能寄希望于政府职能的行使，代表性的学者是萨克斯，他认为将环境作为公共物品的意义并不是将其委托于行政机关，他主张居民拥有环境权，赋予居民向法院提起诉讼的权利，通过实施由法院干预的预防措施而进行环境保护。❶ 这实际就为公众通过司法途径参与环境保护提供了理论基础。

因为依据现在行政机构运行的委托—代理理论，公众已经通过投票间接参与了政府的环境保护，如制定环境保

---

❶ 杨振东，王海青．浅析环境保护公众参与制度［J］．山东环境，2001（5）.

护行政法规等。❶ 那么为何还要赋予公众通过其他手段更直接参与到环境保护中来，其正当性何在呢？问题就在于，现代的公共机构所具有的权力性已超过了共同性。从宪法等法制意义上说，公共机构应以民主主义为原则，行政部门应成为反映公众共同意志的场所，但是，事实上公共机构是权力机构。❷ 权力机构很容易受利益集团，往往是环境污染制造者的影响，由此环境保护的执行就会偏离公众利益。同时，公共机构并没有以保护弱者、维护正义、使污染者承担社会损失等公平的理念去运作，很多情况下容易为经济利益所左右。所以有学者举例说明，虽然现代各国的环保机构人员和预算日益增长，但是环境问题依然没有很好地解决。

学者们从多个角度分析产生上述问题的根源——政府失灵。德利赛克指出，由于市场体制中公共资源不受保障，所以要进行公共干预，但是这种方式并不理想。其理由是：第一，能够促进环境政策的人才不足。第二，即使有这方面的人才，由于市场的压力及较强的制约作用，所以环境政策得不到促进。例如，一实施环境保护，民间投资就会减少，失业也会增加，所以遭到反对。第三，如果是民主的政府，那么由于害怕在下一届选举中落选，所以不会实

---

❶ 余晓私. 日本环境管理中的公众参与机制 [J]. 现代日本经济，2002（6）.

❷ 曲格平. 环境保护知识读本 [M]. 北京：红旗出版社，1999：278.

施反经济增长政策。第四，越是大企业，就越能控制政府，从而形成权力核心，规避管制。第五，制造污染的不仅有民营企业，也有国有企业。然而，在现代资本主义制度下，公有企业也没有实施环境保护，改善环境的意识。但是政府很难对公有企业实施有效地环境管制。M. 弗里德曼认为，为了进行环境保护，避免不适当的污染，政府应发挥重要的作用。纠正市场失灵而进行的政府行为最终演变成政府失灵。原因是由于环境问题的特殊性。不论是什么人遭受到什么样的损失，或不论是什么人得到什么样的利益，都不能说政府会比市场的参与者更加了解其真实状况。弗里德曼指出，由于将污染控制为零就会造成很大的损失，所以真正的问题并不在于"消除污染"，而是要商定一个"恰当的污染量"，从而将污染控制在这个水平上。

还有学者分析了政府环境政策的三个原因，第一，现实的环境政策往往存在一定问题。政府的环境政策是要以现有技术水平为前提，将最合适的污染点设定为环境标准。❶ 但是上述最佳污染点的设置并非易事，政府所获得的信息并不一定全面，就会导致错误的环境政策。此外，现在的环境政策以所有权为前提，对于具有社会有用性（有时也称为公共性）的项目导致的公害，只要没有导致受害者的所有权受到侵害或产生严重的健康障碍，就认为受害者应该采取忍受的态度，这也是现在的环境政策的理论基

---

❶ 郝慧. 公众参与环境保护制度探析 [J]. 环境保护科学，2006（10）.

础，即忍受限度论。这里所说的社会有用性是指经济效益而且是可以用市场价格表示的社会效益并不是给予所有的居民以平等的机会的社会公平。❶ 况且这也并不是基于确立基本人权这一正义理念的。因此，大多数情况下。作为受害者的社会弱势群体，不得不忍受企业及国家的非公平行为。

政府容易陷入对症疗法主义。虽然当前环境政策取得了一定的进步，但是环境政策的运用却仅限于已经导致严重的损害，并且受到居民舆论和运动的批判，以及经过审判等司法程序确定其加害责任的公害事件。对于部分环境事件，政府往往等待相关案例的司法判决之后才出台政策。对于一些反对声音较弱的环境保护问题，政府可能置之不理。

环境政策的缺陷还有官僚主义和地方保护主义。有时环境涉及多个政府管理部门，会导致各个部门之间相互争执。同时，地方为了本地利益也会怠于行使环境保护职能。也有学者指出，环境管理中，污染者特别是那些治污成本高的污染者，受利益驱使，会采取各种方式，获取管理者同意降低排放标准或者默许其继续排放；而管理者也很可能利用手中所掌握的资源和行政权力进行权力寻租。这说明政府远非"万能"，其本身也需要受到严格的监督。

---

❶ 高金龙，徐丽媛. 中外公众参与环境保护立法比较 [J]. 江西社会科学，2004（3）.

综上所述，虽然环境经济学家们的观点有不同和分歧，但是环境经济学家们在对政府能否有效行使环境保护职能上基本持反对态度，这实际正是当代公众参与环境保护的直接经济学来源。因为既然在环境保护问题上，政府不能有效行使职能，那么必须以公众参与的方式，使政府有效行使职能、弥补行政机构的低效率和对环境保护中弱势群体利益的忽视。

4.1.2 环境保护公众参与的法理学基础

公众参与环境保护的理论基础有环境管理权来源理论、环境利益博弈理论、环境公共财产理论等。

环境管理权这一概念起源于 19 世纪 60 年代，其目的在于让公民环境权有效的制约国家权力，防止国家权力的滥用，保护自身权益。环境权理论认为，每一个公民都有在良好的环境中生活的权利，环境权应当作为公民最基本的权利之一。[1] 1972 年联合国人类环境会议通过的《人类环境宣言》中指出，"人类有权在一种能够通过尊严和福利的生活环境中，享有自由、平等和充足的生活条件的基本权利，并且负有保护和改善这一代和将来世世代代的环境的庄严责任"。这表明公民的环境权已经得到国际上的承认，并将更普遍的成为国家公民的最基本权利，许多国家已经

---

[1] 郝慧. 公众参与环境保护制度探析 [J]. 环境保护科学, 2006 (10).

在自己的宪法和环境法中确认了公民的环境权。❶ 环境权曾被认为是人权的一种，是由生存权派生出来的权利，具体包括生命健康权、财产安全权、生活工作环境舒适权；也有学者认为环境权应该包括使用权、知情权、参与权和请求权；还有的认为环境权包括环境管理权、环境监督权、环境改善权等。作为程序性的环境权，其要义便是公众参与环境保护，参与国家的环境决策，而参与国家环境决策权是其根本所在。具体包括：第一，环境知情权。环境知情权是公众参与的前提和基础，没有环境资讯的公开了解，公众便无法真正有效地参与环境决策和环境保护。第二，环境立法参与权。第三，环境行政执法参与权。公众参与的核心，是在公众环境权与国家环境行政权之间进行平衡，一方面公众直接参与环境行政执法活动，可以帮助行政机关更好地进行环境管理和环境决策；另一方面公众参与可以对环境行政权进行有效的监督和控制，保障环境行政权的合法行使。第四，环境诉讼参与权。"有权利就必有救济""无救济即无权利"，要保障公众参与权的有效行使，必须要充分保障公众的救济权。第五，环境法上的公众参与，还包括公众直接或间接进行环保投资，或者以自己的消费决策和消费偏好来影响和改变生产者的决策。从本质上看，公众参与是民主社会公民的一项基本权利，它要求政府在行使可能致社会公众以不利影响的权力时，听取并

❶ 黄桂琴. 论环境保护的公众参与 ［J］. 河北法学，2004（1）：57.

尊重对方或者社会公众的意见，这是民主社会的基本准则。公民有权通过法定的程序参与自身利益或者社会公共环境利益相关的环境决策与实施活动。公众参与是环境权的体现，当然也是人权的体现，人权被认为是人作为人应当享有的，不可非法剥夺或转让的权利。❶ 人权的最终目的在于保障人类不可缺少的生存和发展需求，保障人类的生命安全，人身自由，人格尊严。人权具体包括了生存权利、政治权利和经济社会文化权利，这都是人作为基本的社会单位所应该具有的权利。而这三类权利中最根本的就是生存权利，它是人类存在和发展的基础和至关重要的条件，没有生存权的保障和铺垫，其他政治、经济、文化和社会权利都是纸上谈兵。❷ 公众参与制度的推行是保障人权的一种体现，公民通过参与环境决策，有效保护自己最基本的生存权，通过行使自己的权利，维护自身的利益。同时，当今世界对于环境权及人权的研究和推进也为公众参与提供了权利来源和发展动力，是其得以存在的理论基础之一。

　　环境利益博弈理论是在"利益相关者"概念提出后演变而来的基础理论。"利益相关者"概念在 1984 年提出，在此后的 20 年间，利益相关者理论有了很大的发展，在某种程度构成公众参与的理论基础。政府颁布的一项新规则

---

❶　徐祥民，田其云，等．环境权环境法学的基础研究［M］．北京：北京大学出版社，2004．

❷　周汉华．外国政府信息公开制度比较［M］．北京：法律出版社，2003．

制度，只有得到实施才成为一项新制度。❶ 换言之，环境保护制度变迁也都是内生的，即社会对环境保护制度变迁的需求是制度变迁的主要推动力量，表现为利益主体之间的利益博弈和利益均衡，政府颁布的环境政策法律制度，必须处理好环境冲突中的利益关系。利益相关者分析可以帮助政府等决策部门了解复杂的问题，发现可能存在的相互影响，是决策制定中的一种管理工具和预测可能发生冲突的工具。随着市场经济导致的利益多元化格局的出现，不同人群的利益是不一致的，在环境领域中的纠纷，直接、具体的利益冲突者是企业等排污单位和居民（公众）之间。政府在决策的时候，有责任居中协调衡量企业和居民之间的利益冲突。不但要使这个结构更正当，更有利于这个社会的发展，同时政府居间协调，必然要使各利益主体充分获得作出决定，获得自己利益的必要信息，另外还要有经常表达自己利益诉求的渠道，还要有规范的议事作出决定的规则，这些都是公众参与的前提。为保障公众参与，应该在制度创设、执行的各个环节给予公民适当的权利，具体应该包含：知情权利，参与立法、决策的权利，执行中的监督检举的权利和权利受到侵犯时获得救济的权利。

环境公共财产理论最典型的案例是"公地的悲剧"，其形象的展示出传统所有制结构不严密而导致的环境资源权

---

❶ 赵正群. 得知权理念及其在我国的初步实践 [J]. 中国法学, 2001 (3): 50.

利滥用所导致的恶果。传统民法关于所有权的理论认为，物是指存在于人身之外的能够为民事主体所配或实际控制并能满足其社会需要的物质资料。而那些"取之不尽、用之不竭"的自由财产或无主物，如空气、海洋、自然资源等，并不属于物的范畴，任何人也可以对这种自有财产随意无偿使用或实行先占，因而向大气、河流排放污染物的行为也就有了合法依据。但是自 20 世纪 60 年代，环境污染问题越来越严重，甚至发生了多起影响深远的公害事件，这样就使得人们对传统的权利理论进行反思，环境要素权利的归属问题就引起了大家的思考。环境的公共财产理论便是基于环境问题日益恶劣的情况下，由经济学家基于公共物品经济学理论提出的。环境的公共财理论认为，环境问题的根源或环境污染之所以日益严重，其最根本的原因就在于传统民法所规定的人们使用的环境资源所有权和使用权不够严密和周全。1960 年，美国密执安大学的萨克斯教授针对公民有权在适宜的环境中生活的法律依据提出了环境公共财产论理论和公众信托理论，该理论认为有些环境要素就像空气、阳光、水等人类所不可或缺的，不能再像传统理论视为自由财产而应将其视为所有权的客体。这就打破了传统民法的观点，而萨克斯教授的观念主要依据有三：第一，人类的生活生存条件都是来源于自然环境，因此与各个企业相比，环境权益对各个公众是平等，所以全体公众都有自由享有和利用环境权益的权利；第二，传统私的所有权的对象应该是准确的，但是环境权益对于全体公众有着极其重要的作用，所以环境权益也应视为客体；第三，政府的主要目的就是满足社会公共利益，满足公众的需求，就连公共物也不能为了私的利益将其从可以广泛的、一般使用的状态而予以限制或改变分配形式。环境公共财产理论认为，一些人类生活所必需的环境要素如大气、水等，如果再像传统理论观点视为取之不尽、用之不竭的自由财产，环境要素就会因人类的滥用而枯竭，为了正确的对待环境要素，我们应将环境要素视为全社会的共同财产，从而使任何个体都不能随意对环境要素滥用。

4.1.3　环境保护公众参与的价值基础

环境保护公众参与就是在环境保护问题上形成"人人参与、处处参与、时时参与"的机制。为实现这一目标，以增强环境保护的力度和统率环境保护的价值理念，有必要将公平、效力、正义和秩序作为其基础价值。

环境公平问题实际上是一个被忽视的社会公平问题。因为人们关注环境问题时，更多地强调是其对于整个人类的影响，而忽视了其对不同地区和人群的差别性影响带来的社会公平性问题。环境公平概念的提出，为人们研究环境保护公众参与提供了一个新的视角。从环境法角度可以将环境公平概括为："一是主张在分配环境利益方面当代人之间的公平；二是主张代际之间尤其是今天的人类与未来的人类之间的公平。"❶ 马克思曾指出："人们奋斗所争取的一切，都与他们的利益有关。"❷ 利益简单来说，就是某事物可能带来的"好处"。利益可以分成长期利益，短期利益和眼前利益；可以分类成多数人的利益和少数人的利益；也可归纳为个人利益或社会利益，个人利益包括生命利益、安全利益、财产利益、言论及自由利益等，社会利益，正如罗斯科、庞德在他的"社会利益的调查"一文中所指出的应当包括下列诸项——一般安全中的利益，其中包括防止国内外侵略的安全和公共卫生的安排；社会制度的安全，如政府、婚姻、家庭等；一般道德方面的社会利益；自然资源和人力资源的保护；以及个人生活中的利益，这种利益要求每个人都能按照其所在的社会的标准过一种人的生活。"以上几个方面的社会利益都是随着时间、地域的不同而不断改变的，每一项的价值变化都与此时的需求成正比。❸ 法律的重要作用之一就是调整不同群体之间的利益冲突，而这就需要通过颁布能够评价各种利益重要性和提供调整这些利益冲突标准的一般性规则才能得以实现。❹ 如果没有具有规范性质的一般标准和程序，那么社会决策者就会在作决定的时候因把握不住标准而出差错。例如，在一

---

❶ 亚历山大·基斯.国际环境法［M］.北京：法律出版社，2000.

❷ 马克思恩格斯全集第一卷82.

❸ 高金龙，徐丽媛.中外公众参与环境保护立法比较［J］.江西社会科学，2004（3）.

❹ E.博登海默.法理学法律哲学与法律方法［M］.北京：中国政法大学出版社，1998：415.

个决策面临多种利益冲突的需要取舍的情况下，应首先保障哪一方的利益，又在多大的范围和限度内去保障，如果没有一个决策的合理有效的标准，没有多方利益的博弈和争论，最后的结果很可能是取决于有权强制执行自己的决定的群体，而这样的结果是具有偶然性和非理性的。对相互对立的利益进行调整和安排，往往是依靠立法来实现的，然而，由于立法的一般性和未来指向性，仅仅依靠立法难以解决种种纷繁复杂的利益之间的冲突和矛盾，所以针对这样的情形，就必须要弄清基本的事实并且让社会公众参与到决策的作出中来。

简言之，环境公平是指在环境资源的使用和保护上所有主体一律平等，即享有同等的权利，负有同等的义务。❶具体说，一是任何主体的环境权利都有可靠保障，当其环境权利受到侵害时，都能得到及时有效的补偿；二是任何主体从事对环境有影响的活动时，都负有防止对环境的损害并尽力改善环境的责任；三是任何违反环境义务的行为都将被及时纠正和受到相应处罚。当然，环境公平与社会公平是紧密联系的。社会公平理论研究的机会公平、分配公平、结果公平都与自然资源的利用和占有有关，而人们对自然的利用和占有的公平性又是环境公平的内容。E. 博登海默曾指出："对平等的追求促使人类同那些根据合理

---

❶ 王灿发. 论我国环境管理体制立法存在的问题及其完善途径 [J]. 政法论坛，2003（4）.

的、公认的标准必须被认为是平等的待遇却因法律或管理措施所导致的不平等待遇进行斗争。它还促使人类去反对在财富或获取资源的渠道方面的不平等现象，这些现象当然是那些专断与不合理的现象。"❶ 当一项环境决策或项目被决定时，往往仅由权威一方单方制定和决策，这直接导致相关方受到利益的损害却得不到救济，没有表达诉求的有效渠道，公众参与制度在这样的需求下应运而生，它让每一位与决策相关的个人及群体都有属于自己的发言权，并且保障了他们的平等参与权，从决策制定的基础、可行性、对环境影响的程度以及未来所能发挥的正、负面作用，都可以提出代表自己群体利益的看法与意见，从而有效发挥自身能动性，影响决策的最终作出。❷ 当社会公众能有效参与到决策的作出时，符合多数人利益的最终决策才能得以有效制定。公众参与制度为广大民众和相关群体在国家建设和规划时，面临不同群体间利益的冲突，提供了有效的表达途径和参与机制，使自己的主张和意见能够得到有效的关注和重视，是不同主体间利益冲突解决的有效机制。

环境效益是社会发展的基本价值目标，环境法与效益之间必然存在一种价值关系。环境效益是以环境法特有的权威性为手段，以环境资源的极限边界为尺度，以科学的

---

❶ E. 博登海默. 法理学法律哲学与法律方法［M］. 北京：中国政法大学出版社，1998：415.

❷ 杨振东，王海青. 浅析环境保护公众参与制度［J］. 山东环境，2001（5）：46.

分配权利和义务的方式，实现环境效益的最大化。在有限的环境资源内，以有利于获得最大化效益的方式分配环境资源，并以权利义务的规定保障资源的优化配置和使用。环境效益价值旨在强调保护环境要尽可能地快速解决并见成效，实现又好又快保护，对环境资源的利用，要尽可能地节省和充分循环利用，做到物尽其用，实现环境资源优化配置。可持续发展是人类新的发展观，它不仅使人们的价值观、效益观和利益调整目标发生了根本性变革，而且赋予环境资源法学有关效益和效率的理念以新的内容，从而促进环境资源法和环境资源法学的创新和进步。环境和经济、社会的可持续发展只能建立在社会公平即社会正义和人与人之间的平等基础上；建立在不公平基础上的效率，归根到底仍然是没有效率或低效率；在文明高度发达的社会，唯有公平才会有效率，只有公平才能激发人的积极性和创造性，促进效率的提高。在现实生活中，公平和效率有时会发生矛盾，往往产生效率优先还是公平优先的争论；环境正义主张具体情况具体分析，在分析时贯彻优化原则，兼顾公平和效益。在环境资源法的制定和实施过程中（包括法律权利的设立和实施等），应该在保障基本公平的基础上，力求综合成本最低、综合效益最大（最佳）、综合效率最高。公众参与制度符合环境效益中对平等、公开、中立等基本标准和要求，是实现环境效益的途径之一。

环境正义这一概念是在环境问题不断突显的近几十年内被提出的，狭义上来说，环境正义主要指的是同代内在环境利益分配时强势群体对弱势群体行为的不正义现象及其校正；广义上来说，环境正义则包括了代内正义和代际正义等多个方面的内容。环境正义是指我们在环境法律、法规以及环境政策的制定和执行方面，全体公民，不论其种族、民族、收入、受教育程度等层面的差异，都应该受到相同的对待并且拥有平等的参与权。

环境正义要求人们积极消除对环境的破坏行为，提倡保障人们最基本的生存权和自决权。在环境问题的产生中，存在一部分受益者，也存在一部分受害者，正是因为强势的团体手中的权力，使得弱者受到某种程度的环境迫害，成为环境决策的牺牲品。❶联合国可持续发展《21世纪议程》也要求我们，如果要使环境成为经济和政治决策的中心，就必须要依据各国具体的条件来调整，改变决策的方式，采纳新的参与形式，包括个人、群体和组织需要参与环境影响评价程序以及了解和参加决策，特别是那些可能影响到他们生活和工作的社区的决策。

公众参与制度能够保证不同阶层不同利益要求的人在政府决策时享有发言权，即有表达意见的权利，不论其代表哪一种利益群体，都有属于自己不受侵犯的环境权益。在环境正义的实现过程中，政府、专家、学者、公民都是重要的参与者和践行者，环境正义理念要求实现公众参与，

---

❶ 马燕，焦跃辉. 论环境知情权 [J]. 当代法学，2003（9）.

公众参与制度也有效的反映了环境正义的要求。❶ 毋庸置疑，环境正义是企图用正义的原则来协调人与自然的关系，它关注人类的合理需要、社会的文明和进步。其主要涵义是要求建立可持续发展的环境公正原则，实现人类在环境利益上的公正，期望每个人都能在一个平等的限度上享受环境资源与生存空间。具体来说，它包括三个方面：①国际环境公正。国际环境公正意味着各地区、各国家享有平等的自然资源的使用权利和可持续发展的权利。在世界发展的过程中，国家在整个世界经济体系中的地位因为经济发展的程度不同而不同。发达国家通常凭借着相对的利益优势与环境开发权，进行全球性的资源搜刮，致使落后国家的发展更落后，还往往忽视了环境污染与资源分配不均的问题。②国内环境公正。他们的关注焦点便是美国国内的有毒废弃物放置位置的不公。其他学者随后很快指出，种族、阶级、性别与地域（城乡不平等）是环境正义的最重要关注内容之一。弱势种族以及下层低收入的人们常常成为环境破坏与污染的最直接受害者。这在美国已经成为不争的事实。我们也很难否认，其他国家都不同程度地存在此类问题。③代际环境公正。所谓代际环境公正，是要求当代人将生态环境合理开发和利用，以满足后代子孙也能平等享用环境资源。亦即环境的享用者，不仅是这一世代的居民，也包括后代子孙，当代人在享有环境时，必须

---

❶ 曲格平．环境保护知识读本［M］．北京：红旗出版社，1999：278.

相对地承担保护环境之义务，以保证后代子孙也享有美好的生活环境。公众参与环境保护是环境正义理论的必然要求，只有公众参与才能有效的平衡环境弱势群体的地位。

环境秩序是人类社会发展进程中围绕环境所建立的某种一致性、连续性和确定性。[1] 环境秩序是环境法的首要价值，是环境法的生命和灵魂，是实施环境法的关键和保障。环境法所追求的环境秩序是建立在人与自然共存共荣的发展、人与自然双赢的理念上寻求的人与自然的和谐秩序。环境秩序要求要把人与自然对立的发展机制改造成为人与自然双赢的和谐发展机制，实现环境与经济、人与自然的协调发展。它反映了人类社会系统和自然系统两个整体之间的协调关系。人们在利用环境与资源过程中往往会造成环境自由与环境秩序的冲突。自由与秩序的冲突是法的冲突中最基本的形式，自由强调的是个性的自由发挥，而秩序是强调有序状态的建立与维持。自由难免有打破既有平衡——秩序的趋势，秩序在一定程度上压制自由，维持平衡的规定性。因此，二者之间的冲突就在所难免。自由是每个人的追求，在利用环境与资源时，每个主体都力求权利最大化，环境义务最小化，从而达到个人利益最大满足，但由于对环境和自然资源的利用是人类生存与发展的必须，无限制的自然资源利用和过度环境容量的利用必然会导致生态秩序的失调，因此对自由的享有和使用就必须被限制

---

❶　周珂．环境法学研究［M］．北京：中国人民出版社，2008：48．

在环境秩序所允许的范围内。对资源与环境的过度开发利用是造成环境问题的主要原因，环境秩序也正是在这种破坏严重影响人类生存与发展的情况下才被人们所关注。它包括人与人之间对环境利用的秩序和人利用环境的秩序，前者表现的是在利用环境过程中人与人之间的关系，后者表现的是人类与环境之间的关系，而且人与人利用环境之间的关系是建立在人与环境之间关系基础之上的。环境法在协调人与自然的矛盾方面，贯穿始终的要求是实现人与自然的和谐共处。人与自然的和谐强调的是一种内在的、深层的一致性，不仅要求民众在参与环境保护过程中，人与人之间相互配合、相互合作以及利益分配的合理，还要求人与自然的融洽和合作。

4.2 我国环境保护公众参与的现实基础

4.2.1 我国公众参与制度建立的民众基础

与中国不同，西方发达国家的公众参与采用的是"自下而上"的形式，但是在我国，公众参与大多数仍然在政府倡导下进行，缺乏自觉性，属于"自上而下"的形式，这种类型的公众参与形式流程往往是首先由各省、市、县政府或者其环保部门通过新闻媒体对政府的某一环保决策进行报道和公布，使公众先对此有所了解，然后由政府牵头，组织公众进行主题宣传教育活动，成立环保志愿者队伍，或者配合这些行动开展一些倡议性的签名活动等。这种公众参与的形式并不合理，难以保证长期有效的进行，并且政府和环境保护主管机关往往对这种参与形式有着决定作用，不能充分发挥公众的积极型。另外，此种形式的公众参与，因为没有充分调动公众参与的积极性，公众参与不够热情，公众就不会去表达自己的环境权利需求。而真正意义上的公众参与其主要目的是实现公众对政府的有效监督。因此，对我国而言，公众参与最核心的内容已经被抽调，剩下的更多是一种形式上的东西。❶ 有美国的研究者通过实证分析中美两国民众的对环境保护的观点后发现，与美国相比，中国民众关于环境的价值观更倾向于"新生态范式" [New Ecological Paradigm (NEP)]，即悲观主义，对环境问题更加敏感，而美国民众更加乐观。因而中国民众的环境风险意识更强。因此，中国民众对环境问题更加敏感。对于环境保护中的公众参与中美两国均有很高的参与意愿，美国民众倾向于通过建议的方式参与，而中国民众更喜欢通过会议的形式参与到有害物释放这类环境保护问题中去。

另外一个值得引起重视的研究结果是，对比中美民众的实证分析表明，中国民众对政府在环境问题上的不信任

❶ 舒冰. 论我国环境保护中的公众参与制度 [J]. 内蒙古环境保护，2004 (6).

度更高。更强的环境危机意识和更强的对政府的不信任度，反映了我国环境保护中公众参与制度建立的紧迫性，因为上述两个因素极容易导致环境保护问题转化为社会群体事件，导致舆情危机。❶ 特别是近年来网络的发展，在民众与政府信息沟通未有明显改善的情况下，民众之间的信息沟通渠道却更加畅通、快捷。在公众未参与的相关环境问题事件中，一些负面信息有可能被网络放大，进而转化成群体性事件。

近年来我国因环境保护产生的舆情危机层出不穷，不能说与我国公众参与制度的不完善没有关系。典型事件如下。

4.2.1.1 厦门 PX 项目事件

厦门市海沧 PX 项目，是 2006 年厦门市引进的一项总投资额为 108 亿元人民币的对二甲苯化工项目，该项目号称厦门"有史以来最大工业项目"，选址于厦门市海沧台商投资区，投产后每年的工业产值可达 800 亿元人民币。该项目于 2006 年 11 月开工，原计划 2008 年投产。但因为距厦门市中心以及国家级风景名胜浪鼓屿都只有 7 公里，距离厦门市两所高校仅 4 公里，以及因为该项目可能给其他市民安全和重要城市规划所带来的不利影响，市民纷纷对该项目表

---

❶ 周珂，王小龙. 环境影响评价中的公众参与 [J]. 甘肃政法学院学报，2004（3）：46.

示质疑。2007年3月，由全国政协委员、中国科学院院士、厦门大学教授赵玉芬发起，有105名全国政协委员联合签名的"关于厦门海沧PX项目迁址建议的提案"在两会期间公布，提案认为PX项目离居区太近，如果发生泄漏或爆炸，厦门百万人口将面临危险。但遗憾的是国家相关部门和厦门市政府没有采纳他们的建议，而且加快了PX项目的建设速度。后来相关项目迅速演变成一场互联网上的舆情，民众还通过短信等形式号召"散步"表达抗议。❶ 2007年，厦门沧海PX项目决定缓建，随后厦门市委托中国环境科学院牵头并成立规划环评领导小组开展"城市总体规划环境影响评价"工作，在相关专家和研究人员的资料搜集、现场考察的基础之上，从项目定位、规模、空间布局等方面分析该项目规划可能导致的不利环境影响，并研究相应对策。在环评领导小组的环境影响报告完成后，进入到公众参与阶段，广泛征求社会公众对此项目的意见。当地居民以及学者、环保专家、环保组织都积极参与到其中，通过座谈会、网络投票、电子邮件和电话等方式参加到该项目的意见反应和交流中，厦门PX项目涉及当地群众和企业的利益，让他们参与到该项目的评价和决策中，给予属于他们应有的发言权和有效的表达渠道，是这次厦门PX事件取得良好社会效果的重要原因。最终项目选址改建。

❶ 徐祥民，田其云，等. 环境权环境法学的基础研究 [M]. 北京：北京大学出版社，2004：85.

4. 2. 1. 2 成都彭州化工厂事件

2008 年 5 月 4 日，成都市民在市区"散步"，以抵制一个在建、另一个待建的大型化工项目。曾路过"散步"现场的成都市民告诉记者，整个"散步"持续近两小时，其中人数最多时近 200 人，但中间并没有发生混乱，也不见拉横幅、喊抵制的口号。❶ 彭州地处成都市北部，距离市区 35 公里。由成彭高速连接两市。据记者了解，这次"散步"源于彭州 80 万吨/年乙烯项目和 1000 万吨/年炼油厂项目，市民担心这会造成污染。

4. 2. 1. 3 一系列的居民反对修建垃圾焚烧厂事件

从 1994 年北京居民反对修建六里屯垃圾焚烧厂开始，国内居民反对修建垃圾焚烧厂的事件非常多。主要有：

2010 年 3 月，东莞樟木头上百村民散步抗议建垃圾焚烧厂。2009 年 10 月，广东番禺，垃圾焚烧发电厂进入环评，当地居民举行万人签名、抗议车贴等活动进行反对。2009 年 10 月，江苏吴江，由于当地居民聚集抗议，平望垃圾焚烧发电厂停建。❷ 2009 年 8 月，北京昌平继北京六里屯、高安屯的垃圾焚烧厂遭抵制后，阿苏卫垃圾焚烧厂同

---

❶ 曹明德，王京星. 我国环境税收制度的价值定位及改革方向 [J]. 法学评论，2006（1）：78.

❷ 曲格平. 环境保护知识读本 [M]. 北京：红旗出版社，1999：278.

样饱受质疑，居民组织车队进行抵制。2009 年 5 月，江苏南京江北垃圾焚烧发电厂遭到抵制。2009 年 5 月，广东深圳，深圳居民聚集工地反对建设白鸽湖垃圾焚烧发电厂。2009 年 4 月，上海普陀，数百市民以"散步"形式抗议江桥垃圾焚烧厂扩建。2008 年 12 月，湖北武汉，汉口北垃圾焚烧发电厂不顾居民反对、破土动工。2008 年 12 月，广东深圳，南山垃圾焚烧发电厂二期工程环评听证，部分居民对此项目意见依然强烈。2008 年 11 月，浙江嘉兴，垃圾焚烧处理厂由于污染遭到居民围堵，垃圾车无法进入。2007 年 6 月，北京海淀，六里屯垃圾焚烧项目在当地居民的反对下暂时搁置。

4.2.1.4 怒江大坝事件

从 2002 年年底开始，新一轮水电热在中国兴起。它的背景是中国电力体制改革，国家电力公司被分为 5 家相互竞争的电源企业，他们争相将目光投向水电资源最为富集的中国西南。怒江是其中之一，一项装机容量超过 2000 万千瓦的 13 级电站规划，于 2003 年被正式提出。但是，这项计划引来了国内外的争议。2004 年年初，它被高层要求"暂缓"。❶ 怒江事件与上述事件不同的是，其中出现了非政府环保组织的身影，被视为里程碑式的事件。

---

❶ 唐建光 . 怒江大坝工程暂缓背后的民间力量 [EB/OL]. [2011-10-20]. http://news. sina. com. cn/c/2004-05-20/15043285303. shtml.

随着经济发展和网络舆论的发达，上述类似事件还会层出不穷，因此我国环境保护的公众参与急需法律制度的完善。在上述事件中，正是没有有效的参与途径，导致公众只能以"散步"等非正常手段"参与"。为避免一些环境保护事件演变成社会事件带来的负面影响，必须以法律的形式将公众参与环境保护的途径、程序和启动机制制度化。❶ 因此，我国环境保护中的公众参与制度建设刻不容缓。

4.2.2 我国公众参与制度建立的法律基础

我国现有的法律制度已经为我国公众参与的制度化提供了法律保障。

第一，宪法。虽然我国《宪法》中未明确公民环境权，但《宪法》第2条明确规定："人民依照法律规定，通过各种途径和形式，管理国家事务，管理经济和文化事业，管理社会事务。"环境保护同样属于社会事务，公民当然也有权参与，因此，公众参与环境保护有宪法基础。

第二，环境保护法。我国《环境保护法》第1条规定："为保护和改善环境，防治污染和其他公害，保障人体健康，促进社会主义现代化建设的发展，制定本法。"第2条

---

❶ 周汉华．外国政府信息公开制度比较［M］．北京：法律出版社，2003：153．

规定："本法所称环境,是指影响人类生存和发展的各种天然的和经过人工改造的自然因素的总体,包括大气、水、海洋、土地、矿藏、森林、草原、野生生物、自然遗迹、人文遗迹、自然保护区、风景名胜区、城市和乡村等。"这说明环境保护涉及广大公众利益。

2003 年制定的《环境影响评价法》中更直接地规定了公众参与制度:"政府机关对可能造成的不良环境影响并直接涉及公众环境权益的专项规划,应当在该规划审批之前,举行论证会或听证会,征求有关专家、单位和公众的意见。"2006 年国家环保总局出台了《环境影响评价公众参与暂行管理办法》,填补了公众立法方面的空白,该行政法规只是权宜之计。

2015 年开始实行的新《环境保护法》设立了信息公开和公众参与专章(第五章)。新法专章规定了环境信息公开和公众参与,加强公众对政府和排污单位的监督。第六章增加规定公民应当遵守环境保护法律法规,配合实施环境保护措施,按照规定对生活废弃物进行分类放置,减少日常生活对环境造成的损害。

第三,行政法。我国《行政许可法》第 46 条规定:"法律、法规、规章规定实施行政许可应当听证的事项,或者行政机关认为需要听证的其他涉及公共利益的重大行政许可事项,行政机关应当向社会公告,并举行听证。"第 47 条规定:"行政许可直接涉及申请人与他人之间重大利益关系的,行政机关在作出行政许可决定前,应当告知申请人、利害关系人享有要求听证的权利；申请人、利害关系人在被告知听证权利之日起 5 日内提出听证申请的，行政机关应当在 20 日内组织听证。申请人、利害关系人不承担行政机关组织听证的费用。"依据该法条，若涉及环境保护问题的行政许可，公众可以通过听证程序参与到行政机关的决策中来。

4.2.3 我国公众参与制度建立的组织基础

我国目前还没有专门的有关环境保护非政府组织的法律规范，环保 NGO 的法律地位缺失，政府主导色彩浓厚。[1]《中国环保民间组织发展状况蓝皮书》显示，我国现有的 2700 多个环保民间组织主要有四类：即由政府部门发起成立、民间自发成立的草根环保组织、学生环保社团、港澳台及国际环保民间组织的分支机构等。[2] 这些组织中由政府扶持的官办型民间组织占 49.9%，由民间人士发起成立的"草根组织"仅占 7.2%。其中 76.1% 的环保民间组织没有固定经费来源。

在我国，环境保护活动通常由政府组织进行，由政府包揽一切事务，非政府组织影响力小，作用不大。造成这

种现象的原因是多方面的，如政府和环境保护主管机关以家长身份自居，限制政府之外的其他社会组织的发展，少数存在的一些非政府环保组织基本上也都是政府和环境保护主管机关的附属，许多社团和行政主管部门的相应的处级部门之间实际上一套人马两块牌子。❶ 非政府环保组织影响力太小会严重限制我国环境保护事业的发展，限制公众参与环境保护的效果。我们借鉴国外的先进经验，要想使公众参与环境保护获得有效发展，提高我国环境保护事业的效果，就必须重视非政府环保组织的作用，发挥非政府环保组织的影响力，提高非政府环保组织的积极性，以此来推动环境保护事业的发展。据相关调查，我国目前大约存在近 3000 家非政府环保组织，由政府部门发起成立的非政府环保组织就占了将近一半，民间自发组成非政府环保组织只有不到 1/10，学生环保社团大约占了四成多，剩下的就是港澳台及国际环保组织驻大陆机构。中国非政府环保组织本身也存在着诸多问题，比如规模人数都比较小，没有经费来源，这也严重限制了环保组织的发展。在大多数环保组织中，大多数都是由兼职人员构成，这也使得环保组织工作效率较低，难以满足参与环境保护的需要。环保民间组织一直面临着经费不足的压力和挑战，76.1% 的环

❶ 黄桂琴. 论环境保护的公众参与 [J]. 河北法学, 2004 (1): 57.

保民间组织没有固定经费来源。❶ 少数政府部门和公众对环保组织也存在着一定程度的误解，认为他们发挥不了应有的环境保护作用，所以也有部分公众对环保组织的活动缺少热情支持。而非政府环保社团也存在着诸如专业性人才不足、基础薄弱，非政府环保组织参与环境法律法规影响力不足，中国非政府环保组织发展的历史较短，参与国际民间环境交流合作的能力尚浅。非政府环保社团在我国影响力较小，严重影响了公众参与环境保护的发展，这其中有政府和环境主管部门的原因，也有非政府环保组织本身的问题，可是只有重视非政府环保社团的作用，让它这公众与政府间充当一个很好的媒介，才能促进我国公众参与环境保护事业的发展。

工业发达国家的生态运动能够蓬勃发展，民间环保团体扮演着重要角色，发展也很迅速。非政府组织的活动主要包括向公众宣传环保知识，组织环保活动，呼吁政府禁止或采取某些活动，进行环境诉讼等。美国的民间环保组织塞拉俱乐部（Sierra Club）在保护公众环境权益、帮助公众提起环境诉讼、监督和制约政府和环境主管机关的行为等方面都起到很大的作用❷。在英国，非政府环保组织具有公众所不具有的优势来促进环境保护事业的提高，像世界

❶ 田良．论环境影响评价中公众参与的主体、内容和方法 [J].兰州大学学报：社会科学版，2005（5）.
❷ 林家彬．环境NGO在推进可持续发展中的作用 [J].中国人口·资源与环境，2002（2）.

自然基金英国办公室和大地之友在 20 世纪 80 年代末期和 90 年代初期就曾经引导政府以更加负责的态度来对待环境问题，绿色和平组织以自己的名义对许多破坏环境的行为向法院提起诉讼，地球之友曾经将英国政府不遵守欧盟环境保护法律的行为予以揭露，使欧盟委员会对此行为进行批评。❶ 钓鱼者协会将引起河流污染的行为告上法庭。

环境保护需要各方面力量的积极参与，非政府环保组织就在环境保护活动中发挥了巨大作用。环境管理具有复杂性，要想解决环境问题仅仅依靠一种方式是行不通的，在实践中需要充分运用多种因素来进行。其中，环境领域的非政府组织（NGO）的作用是一个很重要的方面，NGO 是指那些具有组织性、民间性、非营利性、非政党性、非宗教性、自治性、志愿性的专门组织。自 20 世纪 60 年代以来，随着生态环境危机在各个发达国家的出现，许多对生态环境危机有共识的人们开始组织起来，围绕着生态环境问题开展活动，就形成了早期的环境 NGO。在 1972 年参加联合国人类环境会议的 NGO 还不到 300 个，但是 20 年之后，联合国在里约热内卢召开的环境和发展会议上，却有大约 2000 个国际 NGO 从侧面进行游说，在这个所谓的全球论坛中，他们自己内部谈判出 30 多个"条约"来给政府施

❶ 侯小伏. 英国环境管理的公众参与及其对中国的启示 [J]. 中国人口·资源与环境，2004（5）.

加压力。❶ 至此，非政府组织作为"压力集团"的作用渐趋突出。对我国而言，这就需要我国重新思考社团组织法的构建，我国应设立统一的社团组织法，对社团的成立及活动作出明确规定，在环境保护方面就要重视环保社团的作用，降低环保社团的成立门槛，放宽环保社团的核准登记条件。在国外，对不从事商业经营的环保社团往往管理比较松散，这有利于环保社团充分发挥其作用。我国应借鉴此种做法，一方面要发挥环保社团的作用，另一方面也要规定环保社团开展环境保护活动要依照宪法和法律进行，规范非政府环保组织的活动，以消除非政府环保组织的的不足，以维护正常的社会秩序，更好的服务环境保护。

---

❶ 鄂晓梅. 国际非政府组织对国际法的影响 [J]. 政法论坛，2001（3）.

我国环境保护公众参与
制度的现状及缺陷

5.1 我国环境保护公众参与制度的现状

目前，我国有关环境保护公众参与的制度主要包括环境保护公众参与范围、主体的相关规定，环境信息公开制度，环境立法参与制度，环境行政参与制度及环境公益诉讼制度等。

5.1.1　环境保护公众参与范围的制度现状

所谓公众参与范围指的是环境公众参与制度中参与主体可以针对的具体环境事项。对于具体的参与范围，从我国当前的立法来看，主要是一种概括性规定，而甚少涉及具体的规定，如《环境保护法》第6条规定："一切单位和个人都有保护环境的义务。公民应当增强环境保护意识，采取低碳、节俭的生活方式，自觉履行环境保护义务。"该条款对环境公众参与范围的规定是一种泛化性的规定，即一切单位和个人污染和破坏环境的行为都可以成为环境公众参与的对象。当然，作为环境法基本法的《环境保护法》做出这样的规定有其合理性。而《水污染防治法》和《环境噪声污染防治法》则同样是只作了相对笼统的规定。《水污染防治法》第10条规定："任何单位和个人都有义务保护水环境，并有权对污染损害水环境的行为进行检举。"相对而言，《环境影响评价法》则对环境公众参与范围作了相对确定的规定，即环境公众参与的范围主要包括规划项目和建设项目。

5.1.2　环境保护公众参与主体的制度现状

总体上来说，我国现行环境保护公众参与的主体在立法上多有体现。如《环境保护法》第6条规定："一切单位和个人都有保护环境的义务。"该条款对公众保护参与主体的规定是一种泛化性的规定，即一切单位和个人皆是环境保护公众参与的主体。而在《水污染防治法》和《环境噪声污染防治》中则规定："环境影响报告书中应当有该建设项目所在地单位和居民的意见。"根据该条规定，环境公众参与的主体是建设项目所在地的单位和居民。《环境影响评价法》第 5 条规定："国家鼓励有关单位、专家和公众以适当方式参与环境影响评价。"《清洁生产促进法》第 6 条规定："国家鼓励团体和公众参与清洁生产的宣传、教育、推广、实施及监督。"

立法的不成熟与理论研究的不深入密切相关。如何理解环境公众参与的主体，目前的环境法理论界尚未达成共识，主要存在着以下几种观点：

有学者认为"环境公众参与指社会群众、社会组织、单位或个人作为主体，在其权利义务范围内有目的的社会行为。"❶ 金瑞林教授认为："环境公众参与是指公民有权通过一定的途径参与一切与环境利益相关的活动，使得该项活动符合公众的切身利益。"❷ 也有学者认为："环境公众参与制度是公民、法人及其他组织根据国家法律、法规赋予

　　❶ 肖波. 关于在环境影响评价过程中开展公众参与的思考 [J]. 环境污染与防治，2004（10）：361.

　　❷ 金瑞林. 中国环境法 [M]. 北京：法律出版社，1990：112.

的权利和义务参与环境管理和环境保护的一项法律制度。"❶
还有学者认为："环境影响评价中的公众参与是指规划单位、建设项目单位、环境保护部门以及其他相关机关、团体、地方政府、学者专家、当地居民等，通过一定的方式（如讨论会、听证会）参与到规划、建设项目及政府决策和立法的环境影响评价过程中。也就是公众行使参与权，对可能会对环境产生重大影响的活动。"❷

5.1.3　环境信息公开制度的现状

环境信息公开制度的理论基础是公民的环境知情权。公众的环境知情权，是指公众依法享有从法定机构获得有关环境保护信息的权利。❸环境知情权是公众参与的前提和基础，是公众参与环境保护的一项先决性权利，对其他权利的行使有极大的影响。只有当公民不仅有权利了解国家的各项环保活动，而且能够有保障地了解国家的各项环保活动时，公民才可能积极地参与环保活动。为推进环境信息公开，我国政府已做了诸多努力，如每年公布环境公报，

---

❶　程宗璋. 论我国环境公众参与制度的不足与完善［J］. 湖南环境生物职业技术学院学报，2003（6）：129.

❷　徐春艳. 略评我国环境影响评价法中的公众参与制度［J］. 广播电视大学学报：哲学社会科学版，2004（3）：78.

❸　WILLEKE. Identification of Publicsin Water Resources Planning［M］// Water Politics and PublicInvolvement, ed. J. C. Pierce and H. R. Doerksen. Ann Arbor Sciences Publishers，1976：50-60.

每月公布大江大河水质状况，每天公布城市空气质量，各传媒都在广泛地报道环境事件等等。应该公开的环境信息主要有以下几种：①环境政策法规信息，如法规的规定，环境法的立法状态等；②环境管理机构信息，如环境主管机关及其职责权限的信息，与环境管理机构联系的程序和方法的信息；③环境状态信息，如气候、环境污染指数、环境质量指数、环境破坏状况、环境资源状况等；④环境科学信息，主要是有关环境原理的一些数据、科学研究成果、科学技术信息；⑤环境生活信息，主要是有关日常生活注意事项的信息，如垃圾分类堆放，电源和水的节约使用，有利环境的生活方式等。

我国《宪法》明确规定："中华人民共和国公民对于任何国家机关和国家工作人员，有提出批评和建议的权利"；"一切国家机关和国家工作人员必须依靠人民的支持，经常保持同人民的密切联系，倾听人民的意见和建议，接受人民的监督。"这是赋予人民知情权、监督国家机关的权利和规定政府环境信息公开的宪法依据。1989 年颁布的《环境保护法》在第 1 章第 6 条对环境知情权作了类似于宪法的原则性规定："一切单位和个人都有保护环境的义务，并有权对污染和破坏环境的单位和个人进行检举和控告。"并在第 11 条第 2 款规定了政府公开环境状况公报的义务："国务院和省、自治区、直辖市人民政府的环境保护行政主管部门应当定期发布环境状况公报。"第 31 条提到："因发生事故或者其他突然性事件，造成或者可能造成污染事故的单位，必须立即采取措施处理，及时通报可能受到污染危害的单位和居民，并向当地环境保护行政主管部门报告，接受调查处理。"2003 年 9 月 1 日开始实施的《环境影响评价法》意义深远。中国公民的"环境权益"首次被写入国家法律，意味着群众有权知道、了解和监督那些关系自身环境权益的公共决策。2003 年，国家环保总局下发的在于推动《清洁生产促进法》的《关于企业环境信息公开的公告》是我国第一部真正意义上的企业环境信息公开规章，它的颁行对环境知情权保护起到积极的作用。2004 年，第四次宪法修正案将"尊重和保障人权"写进宪法，进一步推动和发展了社会主义人权事业。其中，公民的知情权是人权的组成部分。2006 年国家环保总局颁布的《环境影响评价公众参与暂行办法》，通过程序制度设计了保障公众参与环境影响评价的实体权利。2007 年 1 月 17 日，国务院第 165 次常务会议通过的《中华人民共和国政府信息公开条例》明确规定了信息公开的主体、程序、内容、权利义务及法律责任等问题。2007 年 2 月 8 日国家环保总局通过的《环境信息公开办法（试行）》自 2008 年 5 月 1 日起施行。此外，我国一些地方也在环境信息公开立法和实践中取得了相应的经验，主要采取以下几种形式：一是通过规定政府信息公开保障环境知情权；二是专门的政府环境信息公开规定；三是以政府网站作平台全面公开企业环境信息。

目前，我国新《环境保护法》设立了"信息公开和公众参与"专章（第五章），对环境信息公开的主体、内容以及环境信息公开救济途径等做了相应的规定。新环保法与之前的环境保护法律规范比较，在实体权利方面，赋予了公民、法人和其他组织环境知情权、参与权及监督权。

5.1.4 环境立法参与制度的现状

我国《立法法》第 36 条第 1 款规定："列入常务委员会会议议程的法律议案，法律委员会、有关的专门委员会和常务委员会工作机构应当听取各方面的意见，听取意见可以采取座谈会、论证会、听证会等多种形式。"因此公众参与环境立法主要有两种途径：一是公众通过选举人大代表来参与相关环境立法活动，主要体现了公众的间接参与；二是公众直接参与环境立法，如在立法机关将相关环境立法草案向社会公开征求意见时，公众通过听证会、论证会、座谈会等方式对报纸、网络等媒体公布的法规草案提出自己的意见。

根据我国 2005 年修订的《环境保护法规制定程序办法》第 10 条的规定："起草环境保护法规，应当广泛收集资料，深入调查研究，广泛听取有关机关、组织和公民的意见。听取意见可以采取召开讨论会、专家论证会、部门协调会、企业代表座谈会、听证会等多种形式。"这就给予公众参与环境立法程序充分的法律基础，使得民众拥有更多的机会参与环境立法的全过程。从各地立法实践来看，公众参与立法的方式主要有：立法调研、立法听证、座谈会、论证会、列席和旁听、公布法律草案征求意见以及公开征集立法项目建议等。

立法调研是沟通立法主体与公民、社会团体、新闻媒介等社会中介组织的重要方式，通过立法调研可以听取社会上专家学者、有关单位、政府部门等方面的意见，汇集、掌握社会上对立法的看法、建议等。❶ 环境立法程序中的立法调研跟一般立法程序中的立法调研相似，一般采取走访、座谈、实地考察等方式，以掌握第一手资料，特别是一些地方环境规章条例，更要下到基层，切实了解情况之后，才能真正从实际出发制定切实可行的各项法律法规。

公众参与立法实践的形式是多种多样的，但其中最为行之有效的是立法听证制度。环境立法听证是指环境立法主体在立法过程中，听取政府官员、专家、学者、当事人、利害关系人及其他人员的意见，并将这种意见作为立法决策的依据和参考，使环境立法决策合乎民主和尽可能达到科学。❷ 国家环保总局 2004 年 6 月通过，7 月施行的《环境保护行政许可听证暂行办法》明确规定，要对两类建设项目和十类专项规划实行环保公众听证。两类建设项目为：对环境可能造成重大影响、应当编制环境影响报告书的大中型建设项目；可能产生油烟、恶臭、噪声或者其他污染，

❶ 于兆波. 立法决策论 [M]. 北京：北京大学出版社，2005：174.

❷ 张凤英、李萌. 从公众参与看环境立法听证 [EB/OL]. [2017-01-01]. http://www.7265.cn/showarticle.asp?id=1764.

严重影响项目所在地居民生活环境质量的小型建设项目。十类专项规划为：对可能造成不良环境影响并直接涉及公众环境权益的工业、农业、畜牧业、林业、能源、水利、交通、城市建设、旅游、自然资源开发的有关专项规划。我国的环境立法听证制度也在不断地完善发展之中。2004年8月6日国家环保总局首次向社会公告将就《排污许可条例》举行听证，标志着环境立法听证制度的建立。之后，就环境立法进行的听证活动不断进行，如重庆市2004年11月就《市容环境卫生管理条例》举行立法听证会，山东省济宁市2006年11月就《山东省南水北调工程沿线区域水污染防治条例（草案）》举行立法听证会等。

立法论证是邀请有关专家学者，对立法运行中出现的相关问题提供论述与证明，从而为立法机关的立法提供参考与决策依据。立法论证可以是立法之前，对立法的必要性与可行性提供论述与证明；也可以是立法过程中，对立法出现的内容与形式方面的问题提供论述与证明；还可以是立法完成后，对立法的实际可操作性以及立法的质量评价提供论述与证明。[1] 2004年国家环保总局关于贯彻落实《全面推进依法行政实施纲要》的通知中规定："提出环境立法项目，要实行环境立法项目的经济技术可行性论证。"

---

[1] 汪全胜. 立法论证探讨［J］. 政治与法律，2001（3）：56.

5.1.5 环境行政参与制度的现状

公众参与的核心是在公众环境权与国家环境行政权之间寻求平衡。在环境行政领域，由于环境问题具有较强的技术性特征，而代表机关由于不具有环境行政机关工作人员所具有的专门知识、专门经验和专门技能，对许多本应由其解决的问题往往难以应付，故将大量此类问题授权或委托环境行政机关处理，从而导致代表机关立法权、决定权和监督权萎缩，环境行政权却不断扩张膨胀。因此，较其他行政领域，环境行政"集权化"的趋势更为明显。在此情形下，体现"行政民主"精神的公众参与制度在环境管理领域就显得尤为重要。环境行政的公众参与，一方面可以帮助行政机关更好地进行环境管理和环境决策，另一方面可以对环境行政权进行有效的监督和控制，保障环境行政权的合法行使。根据我国台湾学者的观点，环境行政程序中公众参与的事项及相应的参与方式大致可以概括为以下几个方面：❶ 一是以听证、提供意见等方式设立环境质量标准，污染物排放标准或其他环境要求；二是以听证、提供意见、行政救济等方式参与环境影响评价过程；三是以提供意见、社区组织、行政救济等方式参与环保法令的执行；四是以社区组织等方式参与环保调查与监测；五是

---

❶ 叶俊荣．环境政策与法律 [M]．北京：中国政法大学出版社，2003：315．

以听证、提供意见、公民投票等方式参与决定高度污染性设施的设厂和大型开发项目。

我国在公众参与环境行政方面有较多的零散规定，其中较为集中、明确的是《行政处罚法》和《行政许可法》两部法律中对有关行政决定做出程序中的听证规定，在有关章节中占据重要篇幅。《环境影响评价法》则对公众参与环境影响评价作了直接的规定。

1996年通过并施行的《行政处罚法》第42条和第43条有关听证程序的规定开创了重大行政决定听取民众意见的先河，其后各地方先后出台了关于行政处罚听证程序的规定，其中尤其以《上海市行政处罚听证程序试行规定》较为突出，该法第25条规定："听证笔录应当作为行政机关做出行政处罚决定的依据。"较之于《行政处罚法》的含糊其辞，更为明确、有度更强。2009年12月30日，环境保护部修订通过《环境行政处罚办法》，该处罚办法设第三章第四节"告知和听证"（第四十八条至第五十条）专门规定了环境行政处罚的有关问题。其中第四十八条规定："在作出行政处罚决定前，应当告知当事人有关事实、理由、依据和当事人依法享有的陈述、申辩权利。在作出暂扣或吊销许可证、较大数额的罚款和没收等重大行政处罚决定之前，应当告知当事人有要求举行听证的权利。"因此，环境行政处罚听证指的应是环境保护行政主管部门拟对重大行政处罚案件做出处罚决定前，应行政相对人的申请指派专人担任听证主持人召开听证会，听取行政相对人、调查人员、证人及与案件处理结果有直接利害关系的第三人的意见，并依法制作听证笔录和报送听证结果相关法律文件的法定程序。

《行政许可法》规定当事人和利害关系人在涉及自身利益较大时可以要求听证，涉及公共利益的重大行政许可应当举行听证，相关程序规定也较为完备。该法第 19 条规定："起草法律草案、法规草案和省、自治区、直辖市人民政府规章草案，拟设定行政许可的，起草单位应当采取听证会、论证会等形式听取意见，并向制定机关说明设定该行政许可的必要性、对经济和社会可能产生的影响以及听取和采纳意见的情况。"这一条规定产生的影响很大，其后有关法律和下位法设定行政许可的行为都遵循该规定，产生了许多地方性法规和规章，内容涉及农业、司法、环保等诸多领域。根据国务院工作部署，2004 年 2 至 3 月间，国家环保总局政策法规司研究了并主要根据《行政许可法》《环境影响评价法》《水污染防治法》《环境噪声污染防治法》《建设项目环境保护管理条例》等法律法规的规定，起草了《环境保护行政许可听证办法（草案）》。该办法于 2004 年 6 月经国家环保总局局务会议讨论、修改后，形成了《环境保护行政许可听证暂行办法》并发布实施。《行政许可法》和《环境保护行政许可听证暂行办法》的颁布施行标志我国环境保护行政许可听证制度在立法上的正式确立。

值得一提的是 2002 年颁布的《中华人民共和国环境影

响评价法》，第一次在环境保护法律中规定了听证会制度。其第 11 条规定："专项规划的编制机关对可能造成不良环境影响并直接涉及公众环境权益的规划，应当在该规划草案报送审批前，举行论证会、听证会，或者采取其他形式，征求有关单位、专家和公众对环境影响报告书草案的意见。但是，国家规定需要保密的情形除外。编制机关应当认真考虑有关单位、专家和公众对环境影响报告书草案的意见，并应当在报送审查的环境影响报告书中附具对意见采纳或不采纳的说明。"第 21 条规定："除国家规定需要保密的情形外，对环境可能造成重大影响、应当编制环境影响报告书的建设项目，建设单位应当在报批建设项目环境影响报告书前，举行论证会、听证会，或者采取其他形式，征求有关单位、专家和公众的意见。建设单位报批的环境影响报告书应当附具对有关单位、专家和公众的意见采纳或者不采纳的说明。"其后国家环保总局的一系列规定将公众参与作为环境影响评价这一环境行政程序的重要环节，规定得越来越细致，具有较强的操作性。

国务院《行政法规制定程序条例》第 12 条和《规章制定程序条例》第 14 条、第 15 条关于听取公众意见和举行听证的规定为民众参与各级政府行政立法程序提供了更为直接的依据。

5.1.6 环境司法参与制度——环境公益诉讼制度的现状

"有权利必有救济""无救济则无权利",要保障公众参与权的有效行使,必须充分保障公众的救济权。公众参与在司法上的救济权主要体现在环境诉讼上。环境诉讼是指对造成环境损害的主体,公众有权提起诉讼,要求责任人采取停止侵害、补救、赔偿损失等措施,并对责任人给以行政、民事、刑事制裁的法律规定和程序。环境诉讼是环境保护公众参与的一种重要方式,它是一种最终的、极端的措施。

尽管我国关于构建环境公益诉讼的立法工作还有长远的路要走,但根据当前相关规定,环境公益诉讼制度在我国的构建和实践还是具备立法依据的。

我国《宪法》第 26 条第 1 款规定:"国家保护和改善生活环境和生态环境,防治污染和其他公害。"《宪法》第 2 条规定:"中华人民共和国的一切权利属于人民。人民依照法律规定,通过各种途径和形式管理国家事务,管理经济和文化事务,管理社会事务。"环境公益诉讼制度正是保护和改善生活环境和生态环境、防治污染和其他公害的有效手段之一,这些规定从而为公民运用环境公益诉讼管理国家生态环境事务提供了宪法依据。

我国《环境保护法》《水污染防治法》《大气污染法》

等都规定，一切单位和个人都有保护环境的义务，并有权对污染和破坏环境的单位和个人进行检举和控告。我国《民事诉讼法》第15条规定："机关、社会团体、企事业单位对损害国家利益、集体或者个人民事权益的行为，可以支持受损害的单位或者个人向人民法院起诉。"我国《刑事诉讼法》第99条规定，"被害人由于被告人的犯罪行为而遭受物质损失的，在刑事诉讼过程中，有权提起附带民事诉讼""如果是国家财产、集体财产遭受损失的，人民检察院在提起公诉的时候，可以提起民事诉讼"。

1996年《国务院关于环境保护若干问题的决定》规定："建立公众参与机制，发挥社会团体的作用，鼓励公众参与环境保护工作，检举和揭发各种违反环境保护法律法规的行为。"2005年《国务院关于落实科学发展观加强环境保护的决定》提出："完善对污染受害者的法律援助机制，研究建立环境民事和环境行政公诉机制。"党的十七大报告明确提出："建设生态文明，基本形成节约能源资源和保护生态环境的产业结构、增长方式、消费方式。"上述法规和国家大政方针为环境公益诉讼的构建提供了依据。

最高人民检察院在2005年答复国家环保总局征求其关于环保工作的决定意见时指出："近年来，环境污染致害事件呈明显上升趋势。由于缺乏相应的诉讼救济机制，因行政机关明显违法行政、滥用许可权造成公害事件的情形，无法通过诉讼途径解决，因此，建立环境民事、行政公诉制度是必要而可行的。"就建立环境公益诉讼制度建议：

"通过修改、完善相关法律，国家建立环境民事、行政公诉制度，明确民事行政公诉的相应程序。"体现出国家最高司法机关对构建环境公益诉讼的积极意见。

上述法律法规和国家方针政策的规定为我国环境公益诉讼的构建提供了倡导性的立法依据，但同时也突出表现出对具体的可操作性规定的缺乏。

5.2 我国环境保护公众参与制度的缺陷

虽然我国已颁布、实施的环境保护公众参与的相关制度、政策、规定等在数量上已不算少数，但在具体实践中遇到的问题在立法中仍存在漏洞，已生效的规定在实际执行中也存在大量困难，仍缺乏系统、可行的制度规范。

5.2.1 环境保护公众参与范围的制度缺陷

环境公众参与制度是现代环境法中的一项重要制度，是环境民主实现的具体路径，也是公民环境权的重要保障。对于环境公众参与范围的界定采取概括的方式，固然可以最大限度地使公民参与一切环境事项。但是过于笼统的规定，则往往会使公众具体地参与环境事项落空。因为在现有的制度条件下，规范的不明确，通常会使实施的具体路径缺失，而使得公众参与环境事项仅仅停留在规范的层面。

虽然《环境影响评价法》对环境公众参与范围作了相对确定的规定，但是仅包括对规划项目和建设项目的环境影响评价。范围过于狭窄，涵盖范围周延程度不足。

5.2.2　环境保护公众参与主体的制度缺陷

从现有立法对公众参与主体的规定来看，存在着不统一、不明确等问题。立法的模糊导致了对环境公众参与的主体理解上的分歧。法律中的主体指的是参与法律关系，享有权利和承担义务的人。环境公众参与主体，指的是参与环境事务，享有权利承担义务的人。而参与是对决策介入、咨询，因此参与主体是相对于决策主体而言，故从逻辑上讲，只要是除了决策者，其他人皆可为参与主体。公众是公共关系学中一个相当重要的概念，最初是从英文"Public"迻译而来，既有泛指公众、民众之义，也有特指某一方面公众、群众的含义，既包括公民，也包括组织。这里对公民的理解应与《民法通则》的规定一致，包括但不限于本国自然人，还包括外国人、无国籍人以及被剥夺政治权利的自然人。作为公众参与主体的组织不能是与环境事务有着评议或决策的职能部门，如建设单位、规划部门、环保部门等，此外其他的部门都可以作为公众参与的主体，而不限于该部门的性质。

同时，由于在《环境影响评价法环评法》中，将"公众、有关单位和专家"并列，容易将这里的"公众"理解为仅指公民个体，而这也正是产生对环境公众参与的主体理解分歧的原因所在。实际上，如果有关单位和专家被政府或规划者或建设者聘用而成为决策或评议者，则不属于公众。因此，将来在法律修订时应明确规定，避免对环境公众参与主体的理解产生分歧。

5.2.3 环境信息公开制度的缺陷

环境信息公开是公民环境权实现的最根本保障，无公开透明的信息获取渠道，就无公平实现权利可言，因此目前我国环境信息公开制度存在的缺陷亟待解决。

5.2.3.1 环境信息公开的权利义务主体界定不完全

2015年开始实行的新《环境保护法》设立了信息公开和公众参与专章（第五章）。其中第五十三条规定中指出："公民、法人和其他组织依法享有获取环境信息、参与和监督环境保护的权利。"但对于如何申请环境信息以及获得帮助、获得救济的权利并无规定。可见，此处对于权利主体的规定并不全面。另外，对于义务主体，我国新颁布的《政府信息公开条例》明确规定掌握环境信息的公共行政机构以及经法律授权或行政机关委托而行使行政权力的组织，是履行环境信息公开义务的主体，而对于企业公开环境信息的义务尚无明确的法律规定。即使当前有部分相关规章有所规定但也并不完善。

5.2.3.2　企业环境信息与产品环境信息公开不充分

政务公开、企业环境信息公开与产品环境信息公开是环境信息公开的三个组成部分。对于企业环境信息公开，我国开展的并不充分，在镇江市和呼和浩特市进行了试点后，虽然国家环保总局将之推广到全国范围，并颁布了《企业环境信息公开办法》，但该规定并不完善。根据办法规定，企业环境信息公开实行自愿公开与强制公开相结合的原则。依照《清洁生产促进法》的规定，对污染物排放超过国家或地方排放标准，或污染物排放总量超过地方政府核定的排放总量控制指标的污染严重的企业，要强制公开环境信息；对一般污染企业，国家鼓励自愿公开环境信息。根据当前企业环境信息公开的相关规定，第一，必须公开的环境信息有限。只是笼统地规定污染物排放总量，并未对有害物质做出说明，而且只侧重于最后排放的总量，不考虑生产设施、生产过程中以及产品和副产品的污染情况。第二，缺乏公众参与形式。企业环境信息公开的目的就是要让公众了解和知悉企业的环境状况，进而形成对企业改进的社会舆论压力，但该办法没有规定公众的具体参与形式，公众知情后如何监督、政府部门如何反馈，这些问题都亟待解决。第三，责任形式单一。"对不公布或者未按规定公布污染物排放情况的，由县级以上环保部门公布，可以并处相应罚款。"按照这一规定，不公布只能罚款，而且罚款也只是"可以"罚款的规定，处罚力度不足。

在产品环境信息公开方面，我国也进行了一定的尝试，如设立环境标志、有机食品标志、绿色食品标志等等，但并没有明确规定设立标志的机构，而且标志的审批程序、范围等都没有进行详细的规定。在现实生活中也发生过多个部门颁发不同的多个标志的现象，从而导致公众在选择产品时不知所措，致使标志的公信力下降。

5.2.3.3 环境检测与监测立法疏漏

环境信息公开是以环境信息真实为前提的，只有真实和准确的信息才有公开的意义，而对企业的环境检测和公共行政部门的环境监测立法正是保障环境信息真实、准确的关键，因此，环境检测和监测立法的完善是环境信息公开制度有效运行的基本前提和重要保障。我国相关的立法主要有 1983 年发布的《全国环境监测管理条例》和 2006 年 7 月 28 日国家环保总局发布的《环境监测质量管理规定》。前者对环境监测机构的相关责任只字未提，后者增加了相关处罚条款，但仍存在操作性不强的缺陷，而企业的环境检测立法更是处于严重缺失的局面。由于立法对企业环境检测和公共行政部门的环境监测责任规范不足，导致某些地方出现为寻求经济利益、保护地方企业而故意公开虚假环境信息的情形，这严重阻碍了环境信息公开的有效实现。

5.2.3.4　环境知情权与公众参与制度衔接不紧密

公众参与制度是我国环境保护法的一个基本制度，目前我国公众参与的形式非常有限，而且这些有限的形式与环境知情权的衔接也不紧密，找不到程序法上的依据。虽然国家环保总局颁布的《环境影响评价公众参与暂行办法》通过程序制度设计保障公众参与环境影响评价的实体权利，但其范围仅限于环境影响评价活动，而其他环境活动中的程序和实体权利仍无相应的规定。

5.2.3.5　责任机制和救济机制缺失

对于义务主体不公开环境信息的行为，我国立法并未明确其具体责任以及责任承担方式。❶ 同时，环境知情权的救济途径也过于狭窄，而且规定不明确，使权利因缺乏相应的救济手段难以实现。

5.2.4　环境立法参与制度的缺陷

5.2.4.1　环境立法的公众参与未得到法律切实保障

我国《立法法》《规章程序制定条例》等法律、法规只

---

❶ 陈贵民．现代行政法的基本理念［M］．济南：山东人民出版社，2004：265.

规定在立法过程中需要公众参与，但未明确规定公众参与的具体情形，也未规定该具体情形确定的原则和标准。《环境保护法》虽然规定"一切单位和个人都有保护环境的义务，并有权对污染和破坏环境的单位和个人进行检举和控告"，但该条规定是典型的末端治理的规定，根本没有包含体现预防理念的公众参与环境立法的内容。在什么情况下应当进行公众参与不确定，导致实践中公众参与环境立法的情形较为少见，在立法中引进公众参与似乎是立法者对公众的一种恩赐，甚至成为一部分立法者标榜政绩的手段。

5.2.4.2　公众参与环境立法缺乏程序性规定

公众参与环境立法的参与途径主要包括听证会、论证会、座谈会、问卷调查等，但遗憾的是，我国几乎所有关于环境立法程序的法律、法规、规章都对上述内容缺乏详细具体的程序性规定，造成实践中的作法极不统一。由于程序规定的缺失，很多程序操作的法律效力就存在不确定性。首先，对程序操作的合法与否缺乏判断标准，就只能采用抽象的公平正义原则予以衡量；其次，公平合理的程序操作难以产生应有的强制性效力；最后，违背公平正义原则的程序操作并不因此而丧失法律效力。因此程序性规定的缺乏已成为制约公众参与环境立法实践进一步发展的重要因素。

5.2.5 环境行政参与制度的缺陷

综合前文内容可以看出，虽然我国在环境立法中为公众参与环境行政提供了一定的依据，但其规定仍停留于指导层面，而具体实施时，则体现出系统性、可操作性、激励性和保障性的缺乏。

5.2.5.1 环境行政参与制度立法缺乏系统性

一方面，我国环境立法中对公众参与环境行政的规定并不明确。实际上，在我国环境立法中并没有直接、明确规定公众行政参与的内容，一些相关规定十分模糊，缺乏系统性，导致公众参与制度难以落实；另一方面，我国环境立法中对公众参与环境行政的规定常常是简单的重复。环境法中有关公众参与的规定覆盖领域不全，彼此间呼应不足，一些法律法规中对公众参与的规定仅仅是简单的重复。❶ 我国的《环境保护法》《大气污染防治法》和《水污染防治法》之间的立法就是如此。在公众参与方面，《大气污染防治法》第 5 条和《水污染防治法》第 10 条的规定仅仅是重复再现环境基本法的精神，没有作具体明确的立法变通，完全不能发挥单行环境法律的作用，违背了国家此法律制度建立的用意。

---

❶ 成昀．浅议公众参与环境执法 [C].环境执法研究与探讨．北京：中国环境科学出版社，2005：48.

5.2.5.2　环境行政参与制度立法缺乏可操作性

我国环境立法中对公众参与环境行政的规定过于原则、抽象。法律法规关于公众参与环境行政的权益只是作了原则性的规定，而对公众参与环境行政的内容、方式、途径等尚未作出具体规定，缺乏可操作性，导致公众参与环境行政难以实现。即使对公众参与环境行政规定较为详细的《环境影响评价法》，虽然规定了"政府机关对可能造成不良环境影响并直接涉及环境权益的专项规划、建设项目，应当在该规划、建设项目审批前通过举行论证会、听证会等形式征求有关单位、专家和公众对环境影响报告书的意见"，但对公众参与环境行政的程序缺乏具体的规定，并且该法在法律责任一章中也未就行政机关或相关组织取消、拒绝公众参与环境影响评价而应承担的后果做出相应的规定，使公众参与环境行政权益即使受到侵害也无明确的法律责任条款来追究相关部门的责任。

5.2.5.3　环境行政参与制度立法缺乏激励性

我国现行立法关于公众环境行政参与的规定，大多是在环境污染和生态破坏发生之后的参与，即末端参与，公众参与的途径和形式单一、缺乏决策过程的参与。❶ 这种末

❶　成昀. 浅议公众参与环境执法 ［C］. 环境执法研究与探讨. 北京：中国环境科学出版社，2005：49.

端参与实际上是对环境违法行为的事后监督，不利于及时有效地防止污染纠纷和环境危害，实现环境危害的事前预防。真正的公众参与，除末端参与外，还应包括预案参与、过程参与和行为参与❶。因此，需要建立有效的公众参与激励机制，鼓励公众参与到环境行政的全过程。

5.2.5.4 环境行政参与制度立法缺乏保障性

环境行政中公众参与的制衡对象仅限于污染和破坏环境者，对于政府部门怠于职守、疏忽监管的不作为，对于宏观决策中忽视环境利益的状况，没有公众参与发挥作用的机会。❷ 对政府疏于职守的行为缺乏明确的制裁措施，就等于缺乏公众参与的法律救济，当公众参与环境行政的权益受到侵害时，无明确的法律依据来追究相关部门责任，以致无法有效保障公众参与环境行政的基本权利。

5.2.6 环境司法参与制度——环境公益诉讼制度的缺陷

5.2.6.1 未在实体法中明确规定环境权

环境权是指公民享有良好生活环境和合理利用环境资

---

❶ 吕忠梅. 环境法新视野［M］. 北京：中国政法大学出版社，2000：258.
❷ 史玉成. 论环境保护公众参与的价值目标与制度构建［J］. 法学家，2005（1）：46.

源的权利,❶ 是世界上绝大多数国家普遍认可的一项宪法权利。但在我国法律体系中对环境权的规定却存在严重缺失,不仅《宪法》没有明确规定,就环境法律本身来看,从环境保护基本法《环境保护法》到《水污染防治法》《大气污染防治法》等环境保护特别法都没有直接规定这项应然的权利。环境权是环境公益诉讼的基础,同时,环境公益诉讼也是环境权的内在要求和实现保障。这一立法空白直接导致了救济环境权的诉讼法存在明显的局限性,也就导致了现实生活中环境受到污染,环境公共利益受到损害时,公众无法以环境权受到侵害为由直接行使诉权。

5.2.6.2 现行诉讼法诉讼主体资格限制过于严格

我国《民事诉讼法》第 119 条规定起诉的必要条件为:"原告是与本案有直接利害关系的公民、法人和其他组织。"也就是说,只有公民、法人和其他组织因自己的民事权益受到侵犯,或者与他人发生民事权益的争议时,才能以原告资格向人民法院提起诉讼,要求人民法院保护其合法权益。而与案件没有直接利害关系的人或组织无权向人民法院提起诉讼,至多只能依据《民事诉讼法》第 15 条的规定享有"支持起诉权",而支持起诉人并非原告。但环境公共利益是一种较为抽象的社会公共利益,环境损害大多是间

---

❶ 黄锡生,黄猛. 我国环境行政权与公民环境权的合理定位 [J]. 现代法学, 2003 (5): 111.

接、无形的，因而难以确定一个直接而又具体的受害者，所以就难于符合民事诉讼制度关于原告的严格要求。

根据我国《行政诉讼法》第 49 条的规定，原告是认为具体行政行为侵犯其合法权益的公民、法人或其他组织。这就排除了与具体行政行为无关的其他个人或组织为他人或公共利益而提起诉讼的可能，当然同时也排除了对抽象行政行为提起诉讼的可能。

两大诉讼法均规定提起诉讼的原告必须与案件有直接利害关系，诉讼的目的是维护原告自身的合法权益，诉讼利益归属于原告。而环境公益诉讼恰好相反，它很多情况下没有直接利害关系人，要么是涉及不特定多数间接利害关系人的环境公共利益，要么是纯粹的环境公共利益，诉讼的目的是为了维护环境公共利益，诉讼利益归属于社会。两大诉讼法的这种规定必然导致在环境公共利益受到侵害时得不到及时的司法救济。

5.2.6.3 现行诉讼制度对环境损害的救济存在缺陷

现行诉讼制度对环境损害救济的缺陷也就是环境公益诉讼应当包含的内容，《民事诉讼法》与《行政诉讼法》在这方面的缺陷基本上是一致的。

在环境民事行为方面存在两种情形：一种是既造成环境损害，又对他人人身和财产利益造成损害的，尽管受害人可以提起民事诉讼，使其合法权益得到救济，但是对环境本身造成损害的救济不包含在受害者的诉求中；另一种是没有直接受害对象的环境损害行为。如 2005 年北京大学法学院教授及研究生就松花江污染事件向黑龙江省高级人民法院提起诉讼，最终以法院不予立案收场。

就环境行政行为而言，也分为两种情形：一种是抽象行政行为侵害环境公共利益，由于抽象行政行为所针对的对象是不特定的，其效力可以反复适用，因而一旦抽象行政行为不当，对环境公共利益造成的损害较一般的环境损害行为更甚，但目前是不能对这类行为提起诉讼的。另一种是没有行政相对人、也没有直接利害关系人的具体行政行为侵害环境公共利益，目前难以通过诉讼途径予以监督或撤销。如 2001 年南京市中级人民法院最终没有受理东南大学两名法学教师以南京市规划局许可第三人中山陵园管理局于中山陵风景管理区紫金山最高峰头陀岭修建"紫金山观景台"具体行政行为违法、侵害其与第三人构成的合同法律关系为由提起的诉讼。

此外，传统诉讼理论认为司法救济本质上是一种事后救济，法官的角色是裁决已经发生的争议，因此，法律要求原告主张的利益应该是已经产生的、现实的利益。但环境损害一旦出现，其恢复就非常困难，有时甚至是无法恢复的，事后救济方式对于损害环境公共利益的救济显然是不适用的，因此，环境公益诉讼应允许有侵害环境公共利益造成环境损害之虞时就可以提起诉讼，以免酿成环境损害无法恢复的悲剧。

5.2.6.4 环境公益诉讼面临经费和技术难题

环境公益诉讼要面对庞大的经费和技术瓶颈。环境污染和损害往往需要专业技术和装备才能进行检测和鉴定，普通公民通常不具备这样的能力，一般也难以承受高额的取证费用。这就使举证难的问题在环境公益诉讼中凸显，举证困难导致了环境公益诉讼实效性的降低。根据《民事诉讼法》第64条第1款的规定，当事人对自己的主张，有责任提供证据。简言之，就是"谁主张，谁举证"。在环境公益诉讼中，原告一方多是公民个人和社会团体，而被告往往是享有某些特殊权力或拥有先进科学技术的企事业单位，对于处于劣势地位的原告一方，要求其对被告的违法行为提供相应的证据加以证明，难度相当大。实践中因原告举证不能而败诉的情况屡见不鲜。此外，环境公益诉讼还存在原告败诉的可能，由谁来负担诉讼的成本是个非常现实的问题。

6

我国环境保护公众参与
制度的立法完善

6.1 参与范围

公众参与原则又称民主参与原则，在国际上已经作为环境法的基本原则得到普遍的确定与遵守。1969 年的《美国国家环境政策法》对环境保护的基本政策进行规定，公众参与作为与美国长期标榜的现代民主政治观念相适应的一个政策，得到充分的体现。该法 11 条规定："国会特宣布：联邦政府将与各州、地方政府以及有关公共和私人团体合作采取一切切实可行的手段和措施，包括财政和技术上的援助，发展和促进一般福利……"在该法的框架内，美国联邦和各州的环境立法对公众参与保护环境的实体性权利和程序性权利做了详尽的规定，其判例法也对公众参与权进行了一些阐述和扩展，可操作性非常强。1976年美国通过的《联邦土地政策管理法》进一步规定了实行公众参与的具体政策——"所谓公众参与是指在制定公有土地管理规划，作出关于公有土地的决定及制定共有土地的规划时，给受影响的公民参与其事的机会"。《21世纪议程》更是用了一整编的篇幅专门论述包括公众参与问题在内的环境民主参与问题，认为"公众的广泛参与和社会团体的真正介入是实现可持续发展的重要条件之一"。后来，又有许多国家在各自的环境法律中对公众参与原则进行强化。如加拿大1997年颁布的《环境保护法》在第2条规定了三项国家保证公众参与的职责：一是鼓励加拿大人民参与对环境有影响的决策过程；二是促进由加拿大人民保护环境；三是向加拿大人民提供加拿大环境状况的信息。在国家保障职责的基础上，专门设立了"公众参与"一章，规定了公众的环境登记权，自愿报告权，犯罪调查申请权和环境保护诉讼、防止或赔偿损失诉讼等内容，既周到又具体、充分地保障了公众参与权的实现，体现了民主参与原则。法国1998年颁布了《环境法典》，明确提出参与原则，使公众参与一直贯穿其中。它规定："人人有权获取有关环境的各种信息，其中主要包括有关可能对环境造成危害的危险物质以及危险行为的信息"。该法还专门设立第二编"信息与民众参与",分为对治理规划的公众参与、环境影响评价的公众参与、有关对环境造成不利影响项目的公众调查和获取信息的其他渠道四章,具体细致地规定了公众参与环境保护的目的、范围、权利和程序。俄罗斯 2002 年实施的《俄罗斯联邦环境保护法》也加强了其公众参与的环境基本法规定,把公众参与权分为两大类:一是联邦和联邦各主体的保障职责,二是公民的基本权利。❶ 在我国,公众参与原则的发展主要得力于国家的群众路线以及发展环境保护事业的迫切需要。为了更好地实现民主与法制,环境公众参与正在逐步成为我国环境法的基本原则,公众参与环境保护的保障也在不断增强。

6.1.1 确定环境保护公众参与范围的原则

一是广泛性原则。环境公众参与的范围越广越好,公众参与阶段的时间,越早越好。❷ 广泛性从横的方面讲,包括环境立法、环境政策制定等与环境有关的事务;从纵的方面讲,环境公众参与应贯穿于每一项环境事务的全过程,

---

❶ 常纪文. 环境法基本原则: 国外经验及对我国的启示 [J]. 宁波职业技术学院学报, 2006 (1): 58.

❷ LUCA DEL FURIA, JANE WALLACE JONES. The Effectiveness of Provisions And Quality of Practices Concerning Public Participation In E IA In Italy [J]. Environmental Impact Assessment Review, 2000 (20): 463.

需要保密的除外。

二是环境公众参与的核心原则为环境决策参与。即公众可以通过适当的途径和渠道向执政当局充分表达其对环境状况的意见和建议，并能确保合理的意见和建议能为决策机关采纳，或者在意见不能被采纳时得到合理的解释，甚至在必要时可与国家机关一起做出环境决策。政府的决策，特别是一些重要的社会经济发展政策、法律规定，一旦出现决策不当或失误，极有可能造成严重的环境问题。环境问题的特征决定了环境损害的不可弥补性，科学知识和环境保护的实践证明，对损害的预防是环境保护的黄金规则。确立环境决策参与原则，可以使环境问题防患于未然。

三是以对环境有重大影响为主原则。环境问题一直伴随着人类的历史，当今社会。因为生产力、科技和经济水平的迅速提高，人类活动对环境的冲击越来越大，对环境的管理与保护从单一的政府职能，转变为政府与公众的双轨制保护与管理是一种必然。但人类的活动对环境的影响是有大小之分，而政府的精力和执法成本毕竟有限，如果环境公众参与的范围只是一味的强调广泛性，而忽略轻重之分，不仅在经济上不合理，在参与的效果上也会不佳。

6.1.2　确定环境保护公众参与的具体范围

环境公众参与范围的确定应该采取概括加列举的方式，以列举式的方式明确一些重要的参与事项，而以概括的方式兜底，确保公民环境权的实现。在列举式的立法规范中，应该对以下事项作出明确的规定：以法定方式参与环境立法；参与环境保护政策的制定和环境保护规划的编制；参与建设项目环境影响评价、规划环境影响评价工作；建设项目竣工环境保护设施验收工作；重点工业污染防治及生态恢复治理工作；对环境保护部门的工作提出意见和建议；对环境违法行为进行监督、检举和控告；对环境保护行政主管部门及其工作人员玩忽职守、滥用职权、徇私舞弊等行为进行检举和控告；法律、法规、规章规定的其他行为。

6.2　参与主体

6.2.1　环境保护公众参与主体资格的取得标准

作为法律制度的环境公众参与，其主体应具备明确性。从法律理论上来看，凡是能够参与法律关系的任何公民和组织，都可以成为法律关系的主体，但是"法律关系的主体具有法定性，即法律关系的主体是由法律规范所规定，与法律规范的联系构成了法律关系主体与其他形式社会关系的主体区别。不在法律规定的范围内，不得任意参与到法律关系中，成为法律关系的主体。"❶ 因此，从应然角度

---

❶ 沈宗灵. 法理学 ［M］. 北京：高等教育出版社，1994：382.

看，环境问题与每一个个体的生活息息相关，每一个人都是环境权的权利主体，故每一个人都享有环境公众参与权。但从实然角度看，参与环境事务，行使环境公众参与权的主体必须是对生活规律、社会规律有所了解，对可能的环境污染、破坏程度最为清楚的人参与才是可能的，换句话说，环境公众参与主体应与环境事务有关或感兴趣的人，而对是否有关或感兴趣所考虑的因素，有学者认为可以从五方面来进行考量：一是空间距离即生活在项目周围的人，很有可能受到噪音等威胁的人，可能是最明确受影响的人。二是经济利益即可能因项目建设而获得工作或在竞争中获益或相反的团体。三是是否使用环境即拟议项目可能影响到那些地区的环境使用者，如垂钓者等。四是社会关注即那些把拟议项目看作时对地方社区传统文化威胁的人会感兴趣。五是价值观即拟议项目产生的某些问题会直接影响到他们的价值观。[1] 所以，环境法律、法规应进一步明确规定，公众参与的主体应具备的资格。

6.2.2 环境保护公众参与主体种类的立法确定

一是直接受环境影响的公众，即位于相关项目范围或影响范围内的公民或社会组织。

---

❶ Cante r, L. W. Environm ental impact assessment [M]. 2ed. M. M cG rawhill Inc, 1996：153.

二是间接受环境影响的公共代表，即虽然不处于项目范围内或项目直接影响范围内，但项目的建设会导致或可能会导致某一地区或国家的环境状况的不良改变的公众的代表。如国家和省政府的代表、地方官员、人大代表、政协委员、居委会主任、村委会主任、社区负责人、工商行业代表等。

三是其他对环境事务感兴趣的公众，这些公众不能代表当地直接受影响的人群，但他们具有重要的信息或有一定的专业知识，能够对环境问题有预见或对策。如环境保护主义者、国家或国际的非政府组织、大学、研究所、培训机构。

6.3　相关权利的立法确认

我国当前已在一定程度上认识到环境保护公众参与的重要性和必要性，但由于立法上的缺失，广大公众尚难以通过具体的法律手段直接参与到环境保护和管理中，这无疑对我国庞大的群众资源造成了极大的浪费。要充分发挥公众参与的作用，就必须首先在法律中明确规定公众参与环境事务的法律主体地位，并赋予其运用法律手段制止、处理损害环境的各项行为的权利，即对环境保护公众参与的权利进行立法确认，为环境保护公众参与提供法律上、制度上的切实保障。

6.3.1　立法确立公民实体性环境权

环境权是环境法的一个核心问题，是环境立法与执法、环境管理和公众参与、公民诉讼和公益诉讼的基础，是构筑保障未来生态社会和绿色文明的环境法治体系的中心。❶因而，作为环境保护公众参与的基础，应首先明确公众的环境权，并通过立法将公民环境权具体化和制度化，这是实现环境保护公众参与的根本保证，也是环境保护公众参与制度构建的逻辑起点。

目前世界上许多国家都在其宪法或相关环境立法中规定了环境权，如《美国国家环境政策法》第 3 条规定："每个人都有权享受健康的环境，同时有责任对维护和改善环境作出贡献"。《葡萄牙共和国宪法》第 66 条规定："全体公民都有权享受不损害其健康生活条件，同时也有义务保护环境的洁净。"韩国宪法第 33 条规定："国民有生活于清洁环境之权利，国家及国民均负有环境保全之义务。"但由于环境权概念内涵的模糊，国际社会及法学界尚未就其概念的确定性达成共识。李步云先生曾论述过人权的三种形态，即应有权利、法定权利和实有权利。应有权利是权利的初始状态，它是特定社会的人们基于一定的社会物质生活条件和文化传统而产生的权利需要和权利需求，是主体

---

❶　蔡守秋．环境法教程［M］．北京：科学出版社，2003：48.

认为或被承认应当享有的权利。● 这种权利是天赋人权，即人作为人生而应有的权利，是一种绝对的、不可转让的权利。环境权就是这样一种权利，它产生于人类保护环境的实际需要，源于人类可持续发展的理念，是人的应有权利。法定权利是国家通过法律的制定或认可，使应有权利法律化、制度化，以置于法律的保护之下的权利。只有存在应有权利，才会产生应不应该以及如何对它进行保护的问题，否认应有权利的存在，法定权利就会变成无源之水，无本之木。❷ 环境问题的产生及恶化，使公众产生了保护环境的要求，生态学和环境科学的发展使国家具备了保护这一权利的物质手段。因此，环境权的法律化，既是环境保护的现实需要，也为国家实现环境管理职能和保护人权提供了法律依据。"在一个国家里，法律对人的应有权利做出完备规定，并不等于说这个国家的人权状况就很好了。在法定权利与实有权利之间，往往有一个很大的距离。"❸ 实有权利是人们在现实生活中实际应享受到的权利，它是权利价值的最高表现形式和最终归宿。环境权作为人的应有权利，它转变为法定权利、实有权利是一个历史的过程，它需要国家在法律上、制度上提供切实的保障，即法律的制定认可和制度的构建同等重要。

● 张文显. 法哲学范畴研究 [M]. 北京：中国政法大学出版社，1993：106.
❷ 李步云. 论人权的三种存在形态 [J]. 法学研究，1991 (4)：13.
❸ 李步云. 论人权的三种存在形态 [J]. 法学研究，1991 (4)：17.

因此，我国应当对公民环境权进行立法确认，在宪法、环保基本法、单行法律中完善关于公民环境权的规定，确认公民享有在适宜的环境中生存、发展的实体性权利和程序性权利。首先，我国应该在宪法中对公民环境权作出明确的规定，在《宪法》第2章"公民的基本权利和义务"中，增设一条关于公民环境权的规定，作为公民直接主张环境权的依据和其他法律法规设立环境权的宪法依据。这样一方面可以对公民环境权益进行直接的确认和有效的保障，另一方面，也可以使环境权的宪法位阶得以确认，有利于法律体系本身的协调统一。其次，在环境基本法中对环境权应进一步对公民环境权的内涵和外延作出清晰的界定，规定公民环境权的内容包括环境使用权、知情权、参与权和请求权。同时对知情权、参与权和请求权行使的原则、形式和范围等作出具体的规定，使环境权真正成为环境法律的核心和基石，围绕环境基本法各单行环境法也应相应地作出具体规定。第三，其他部门法如民法、刑法、行政法等也应根据宪法上的环境权规定作出调整，在各部门法范围内确保环境权益的实现。最后，在法律中不仅应确认实体环境权，而且应当确认程序性环境权，保证公民对环境保护和管理的知情权、参与权、监督权等程序性权利。在现有的环境保护单行法中或制定专门的行政法规和部门规章对环境权实现的具体程序作出规定，明确规定政府在保障程序性环境权实现方面所应履行的义务和承担的法律责任。只有这样，才能切实保障公民的环境权主体地位，切实保障环境权的实现。

6.3.2 立法确立公民程序性环境权

环境权分为实体环境权和程序性环境权，前者是后者的前提和依据，而后者是前者的实现途径。公众参与权正是一种程序性的权利，是环境权的具体化。公众参与权的实现将有助于环境权逐步从应有权利向法定权利和实有权利的转化。

由于公民环境权存在内涵模糊的弱点，目前尚难以就其定义、内涵达成共识，就导致其不便用于司法审判，降低了实际可操作性。针对此，通过公民程序性环境权将这一现实中难以表达的抽象概念具体化就成为了必然的选择。对公民环境权内容的保护往往是通过创设使环境权利得到尊重的程序，使公民环境权的实现具体体现在程序制定和执行方面。当公民环境权遭受侵害时，可以通过程序性环境权的存在和良好运转使环境权利得到切实的保障。❶ 1992年《里约宣言》作为首个提出程序性环境权的国际性文件，其原则 10 明确指出："环境问题最好是在全体有关市民的参与下，在有关级别上加以处理。在国家一级，每一个人都应能适当的获得公共当局所持有的关于环境的资料，包括关于在其社区内的危险物质和活动的资料，并应有机会

---

❶ 那力. 论环境事务中的公众权利 [J]. 法制与社会发展, 2002 (2)：102.

参与各项决策进程。各国应通过广泛提供资料来便利及鼓励公众的认识和参与。应让人人都能有效的使用司法和行政程序，包括补偿和补救程序。"其后，1998年6月欧洲委员会通过的《公众在环境事务中获得信息、参与决策、诉诸司法权利的奥胡斯公约》中也明确的阐述了程序性环境权，并将其作为一项条约义务要求每个公约成员国必须保证这些权利在其国内得以实施。上述国际性文件中强调了公众在参与环境事务时应当具有获得信息、参与决策和诉诸司法的权利，即可以被简称为环境知情权、环境参与决策权和环境诉权的三种重要的程序性环境权。它们往往具有更强的可行性，且各项权利之间的相关性也更为密切，可谓环环相扣，可将其视为一个有机的"权利集合"加以明确。程序性环境权的确立和完善是公众参与环境保护成败的关键，而其更可以为构建完善的公众参与法律机制打下坚实的基础。

因此，在宪法对环境权进行立法确认的基础上，通过立法对将程序性参与权具体化，用法律制度进行保障。我国应当积极在环境基本法、环境单行法等环境法体系中完善中程序性参与权，通过具体法律制度来保障公众真正参与到环境保护中。如对公民的环境知情权，决策参与权，环境救济等进行明确，并对权利的实现进行程序保障。我国大部分环境保护方面的法律法规往往只是笼统地规定公众有保护环境的义务、有对不法行为进行检举和控告的权利，而缺乏具体的程序和方式，而程序权利是实现实体权力的保障，我国的环境保护法亟需完善公众参与程序的规定以及推动环境公益诉讼。

6.4 环境信息公开制度的完善
——信息知情机制的完善

环境知情权在国际上已成为一项重要的法律权利，其法律地位越来越高，公众获取环境信息的限制越来越少，获取信息的内容越来越广泛，对环境知情权的保障也越来越充分，这些都值得我国在立法时加以借鉴。1992 年人类环境与发展大会上发表的《里约宣言》原则 10 指出，"每个人都应享有了解公共机构掌握的环境信息的适当途径……国家应当提供广泛的信息获取渠道……。"随后，1994 年联合国附属委员会的《人权与环境纲领宣言》中明确规定了公众参与环境管理的程序性权利应包括："获得环境信息的权利，及取得、传播观点和信息的权利。"此外，为确保各国公众获知信息的一致性和透明度，《公众在环境事务中获得信息、参与决策、诉诸司法权利的奥胡斯公约》于 1998 年正式签署，该公约对《里约宣言》原则 10 的内容进行了深入细化，要求各缔约国应保证公众在环境事务中获得信息、参与决策以及获得救济的权利。上述宣言及公约不仅为"环境知情权"的确立提供了有力的国际法依据，还为"环境知情权"的理论深化及其在各国环境法制中的运用奠定了深厚的基础。尤其是《公众在环境事务中获得信息、参与决策、诉诸司法权利的奥胡斯公约》，它是迄今为止对公民环境知情权保护最完善的国际公约。其明确规定："考虑到公民为了享受上述权利并履行上述责任（每个人既有权在适合其健康和福祉的环境中生活，又有责任单独和与他人共同为今世后代保护和改善环境），在环境问题上必须能够获得信息、有权参与决策和诉诸法律，并在此方面承认公民为行使自己的权利可能需要得到援助。确认在环境方面改善获得信息的途径和公众对决策的参与，有助于提高决策的质量和执行、提高公众对环境问题的认识、使公众有机会表明自己的关切，并使公共当局能够对这些关切给予应有的考虑。""每个缔约方应力求确保各级官员和部门在环境问题上协助和指导公众设法获取信息、促进参与决策和诉诸法律。"

知情机制是参与机制和诉讼机制的基础，是环境保护公众参与的前提条件、客观要求和最重要的环节。它是指公众有获得执政当局所持有的本国乃至世界的环境状况、国家环境管理状况以及自身环境状况，特别是关于在其生活的社区内危险物质和活动的信息的权利，比如环境规划，环境调查报告等资料。为了实现环境信息知情权而确立的公众参与法律制度主要体现为信息公开法律制度。在我国，环境信息公开制度即知情机制的缺失是公众参与环境保护流于形式的重要原因。

6.4.1 制定专门的环境信息公开法

目前世界上许多国家都对环境信息公开作出了法律规定，主要包括以下几种模式：一是俄罗斯模式，即在宪法中明确规定环境信息公开。1993年《俄罗斯联邦宪法》第42条明确规定："每个人都有享受良好的环境和获得关于环境状况的信息的权利"。二是法国模式，在环境保护法中对环境信息公开作出规定。法国《环境法典》第二编第110·1条指出："根据第1项指出的参与原则，人人都有权获取有关环境的各种信息，其中主要包括有关可能对环境造成危害的危险物质以及危险行为的信息。"三是美国模式，信息公开法与环境法相结合进行规定。美国在《清洁空气法》《清洁水法》《应急计划和社区知情权法》等环境立法中规定了环境信息公开的内容，同时《信息自由法》《隐私权法》《阳光下的政府法》《电子的情报自由法》等信息公开立法也同样适用于环境信息公开。四是德国模式，即对环境信息公开进行专门立法，采取这一类型的国家一般原先没有制定基本的信息法。德国于1994年通过了《环境信息法》，英国于1992年通过了《环境信息法规》，都属于该种立法模式。

四种立法模式相较而言，我国宜采取第四种类型，即制定专门的环境信息公开法。第一种类型于宪法中明确公众环境信息权（或称环境知情权），为环境知情机制提供了宪法依据，防止环境知情权被任意侵犯，但是，一则宪法的规定原则抽象，缺乏可操作性，仍然需要进一步的立法将环境信息公开具体化，二则如本书前一部分所述，宪法宜对公民环境权保护进行原则规定，在宪法中进一步细化规定环境知情权就显得多余了。如果采取在环境立法中规定环境信息公开的方式，则既要考虑各个环境立法之间的协调，又会造成立法资源的浪费。而且目前我国没有专门的信息公开法，各项环境立法对环境信息公开也少有规定，如此宜采用单行法的立法模式，制定一部专门的环境信息公开法，统一解决环境信息公开制度应涵盖的五个基本问题：一是信息公开的权利主体与义务主体，二是公开的范围，三是公开的方法，四是违反环境信息公开制度的法律责任，五是公民环境信息知情权的救济。

6.4.2 环境信息公开的主体

目前我国行政公开的权利主体大多局限于利害关系人，这不符合行政公开制度和知情权发展的国际趋势。特别是在环境领域，由于环境问题具有普遍关联性，任何人都与之存在利害关系，很难严格区分哪些人是直接利害关系人。以利害关系人为条件限制环境知情权的权利主体，在实践中不具有明确的判断标准，缺乏可操作性，而且容易成为剥夺公众环境知情权的借口。所以环境知情权的权利主体应当包括公民、法人和其他组织，环境信息除了依照法律规定免除公开的以外，原则上应当向全体公众公开。

需要特别说明的是以下两类主体：一是非政府组织。它是公众参与环境事务的重要形式，能够克服个人参与环境保护时在精力、财力、专业知识、影响力等方面的固有缺陷，这一点已经被诸多国家的法律所承认。在我国，非政府组织在环境事务中的参与和作用才刚刚显现，急需法律赋予其明确的权利和义务，使之能够以独立的法律地位参与各项环境事务，因而环境信息公开的权利主体必须包括非政府组织。二是外国人，包括外国的自然人和组织。在国际化程度日趋深化的今天，我国有义务在已加入的国际条约承诺的范围内赋予外国人环境知情权，如 WTO 规则中就存在适用于同环境有关的贸易领域的透明度原则。

公众享有环境知情权，相应的，掌握环境信息的政府及有关企业、团体就有提供环境信息的义务。所以，在环境信息公开中，负责信息公开的既包括政府和环境团体，也包括企业。政府作为公共权力的拥有者，拥有遍及全国和各环境要素领域的行政机构，拥有较为完善的环境信息收集手段，并拥有各项法规制度的保障。政府因其自身所拥有的优势资源及强势位置，在获得环境信息方面处于天然的优势地位，这也导致了政府和公众在环境信息占有上的不平衡状态。❶ 正因为这一点，决定了政府是环境信息公

---

❶ 冯敬尧. 公众参与机制研究——以环境法律调控为视角［M］//王树义. 环境法系列专题研究（第一辑），北京：科学出版社，2005：26-27.

开的主要义务主体。研究关于环境信息公开的国际和外国立法，可以发现其均无一例外地将政府作为环境信息公开的主体，并在立法中对承担公开义务的政府机关作了界定。这里所说的政府范围宽泛，既包括中央、省一级政府部门也应包括市、县、区乃至乡镇一级；同时提供环境信息的政府部门也不应局限于环保部门，而应扩大到除了立法和司法机关以外的所有部门。从而形成中央与地方结合，其他政府部门配合环保部门的环境信息公布体制。

承担环境信息公开义务的另一主体是企业。企业环境信息公开有利于完善政府对企业的环境管理，加强公众对企业的监督，也有利于企业自身的良性发展。因此，只要是从事可能对环境资源造成影响的开发利用行为的企业就应该公布环境信息。一些国家已经在法律中规定了企业的环境信息公开义务。如美国1986年底通过了对超级基金法的修正，该法中的"知情权"条款要求有关公司就排放的化学品设立一个数据库以便为公众提供信息；《美国应急计划和社区知情权法》规定设备的所有人或者运营者应向当地应急计划委员会提交关于化学物品的安全数据清单，公众可以向委员会申请获得。

6.4.3 环境信息公开的范围

"公开为原则，不公开为例外"这一环境信息公开原则已经获得了国际社会的广泛认可，在这一原则之下各国确定了环境信息公开的范围。虽然国际和外国立法并没有明文规定这一原则，但其立法对环境信息公开范围的具体规定恰是对该原则的体现。而且一般是结合环境信息的定义和环境信息公开的例外情形来确定公开的范围，例外情形之外的环境信息原则上均应予以公开。如《公众在环境事务中获得信息、参与决策、诉诸司法权利的奥胡斯公约》第2条第3款对环境信息作了一个较为宽泛的定义，第4条第3款（c）项和第4款则对9种信息公开的例外情形作出了规定；英国《环境信息法规》第2条第1款以列举的方式对环境信息作出了界定，第12条、第13条则对例外情形的适用作了具体规定。我国环境信息公开法也应在"公开为原则，不公开为例外"原则的指导下，先对环境信息做出定义，然后再具体规定诸如国家安全、国家秘密、商业秘密、个人隐私等的例外情形，以此确定我国环境信息公开的范围。

政府及企业原则上应对其进行的与环境相关的一切行为向公众公开。主要包括：①环境政策法规信息，如法规的规定、环境法的立法状态等；②环境管理机构信息，如环境主管机关及其职责权限的信息，与环境管理机构联络的程序和方法的信息；③环境状态信息，如气候、环境污染指数、环境质量指数、环境破坏状况、环境资源状况等；④环境科学信息，主要是有关环境原理的一些数据、科学研究成果、科学技术信息；⑤环境生活信息，主要是有关日常生活注意事项的信息，如垃圾分类堆放，电源和水的节约使用，有利环境的生活方式等。❶ 当然环境信息的公布也不能毫无限制，以下环境信息不宜公布：一是公布后可能损害国家利益的环境信息，如涉及国防安全、国家机密和公共安全的信息；二是公布后可能危害环境利益的信息，如某些稀有动物的栖息地和植物的产地一旦曝光，可能招致好奇者或收集者的干扰，进而影响到其生存空间和自然状态。三是涉及商业秘密和个人隐私的信息，在未经权利人同意的情况下不能公布。此时应当严格界定商业秘密和个人隐私的概念和范围，防止例外条款被滥用。

6.4.4　环境信息公开的方式

环境信息公开的方式通常有两种，一是行政机关或企业等义务主体主动的公开，二是依公众申请的公开。第二种方式在国外受到高度重视，立法对公众环境信息的申请获得作了详细规定。而我国目前对于环境信息公开方式的立法规定以及实践操作都仅限于行政机关或企业等义务主体单方面公开的模式，没有公众申请获取环境信息的规定。我国环境信息法一方面应进一步完善行政机关或企业等义务主体的环境信息公开，明确承担公开义务的具体责任，确定公开的程序、具体形式和不公开的法律责任等。另一方面，更为重要的是，应赋予公众申请获得环境信息的权

---

❶ 高家伟. 欧洲环境法 [M]. 北京：工商出版社，2000：130-131.

利，具体规定公众申请的程序、救济、收费、被申请者处理申请的程序、时间要求、驳回申请的程序和决定等内容。由此，建立起行政机关或企业等义务主体主动公开与公众申请公开相结合的双向环境信息公开制度。

行政机关依职权主动公开环境信息的具体形式又包括：发布公告，利用报纸、电视、广播、互联网发布简报或消息或发布专题新闻，利用信息发布会散发项目概要小册子等书面材料，放置在政府阅览室供公众查阅、出版等。企业公布环境信息的形式和渠道包括环境信息申报登记、编制企业环境保护报告、资源产品广告和说明书等。

6. 4. 5　法律责任与权利救济

有权利必有救济，当义务主体不依法公开环境信息时，应追究其相应的法律责任，并赋予公众法律救济的权利。《公众在环境事务中获得信息、参与决策、诉诸司法权利的奥胡斯公约》第 9 条第 1 款规定"每个缔约方应在国家立法框架内确保，任何认为自己按照第 4 条索取信息的请求被驳回、部分或全部被不当拒绝、未得到充分答复或未得到依法处理之人都能够得到法庭或依法设立的另一个独立公正的机构的复审"，该规定明确了申请人诉诸法律以获得救济的权利。凡是制定了信息公开法的国家，也无不规定了违反该法相应的法律责任，同时赋予请求人请求行政复议、司法审查或立法（议会监察专员或信息委员会）救济的权利。如《美国信息自由法》规定，申请人对当局做出的任何不利的决定可以向当局主管提出申诉，如果申诉维持原决定，申请人可提起司法审查，并规定由当局负举证责任。没有法律责任和救济手段，信息公开法只能流于形式。我国环境信息公开法应明确规定信息公开义务主体不履行义务应承担的法律责任和权利主体有效的法律救济途径，包括行政复议、行政诉讼等法律救济手段，并确立由政府或企业等义务主体就拒绝提供信息负举证责任，为公众获得环境信息的权利提供有力的法律救济。

6.5 环境保护行政参与制度的完善
——表达型参与机制的完善

公众对环境保护的表达型参与表现在多个方面，包括参加环境建设、参与环境立法、对环境执法部门的监督、参与环境管理过程、参与环境保护法律法规的实施、参与环境影响评价等。❶ 按国际惯例，公众对环境保护的表达型参与一般包括两种方式：间接参与和直接参与。前者是指以募集资金或助选的方式，支持作为环保主义者的候选人担任国家政府要职，参与决定政府的环境政策，从而达到支持者间接表达环保意愿、参与环境管理的目的；后者是

---

❶ 吕忠梅. 环境法新视野［M］. 北京：中国政法大学出版社，2000：258.

指公民通过言论表达或听证、协商、信访、结社等方式直接参与环境保护和管理。根据我国国情，直接参与是当前我国应努力发展的参与形式，并需为此构建确保公众得以有效表达、参与的法律机制。

6.5.1 公众言论自由与参与决策权

表达型参与机制即是公民的言论自由和参与决策权在环保领域的体现。在我国加入的《公民权利和政治权利国际公约》第 10 条第 2 款中如是表述言论自由："人人享有表达自由，该权利应当包括以口头、书面或印刷物、艺术或自己选择之其他方式，不分国界的追求、接受和传播各种信息和思想的自由。"广义的言论自由涵盖了宪法中的言论自由、出版自由、集会游行示威自由、科学研究和文艺创作自由、批评国家机关及其工作人员和提出建议的权利等条款。近代以来世界各国一直将言论自由规定为公民的基本权利之一，写入了宪法之中。环境保护公众参与领域的言论自由，是指公众可自觉自愿地发表自身对环境事务的态度、看法和评价，甚或可以通过诸如上访、集会、游行、抗议、请愿等极端的方式表达自己的想法。公众是环境污染和破坏的直接和最终受害者，对于环境状况的变化和环境决策的优劣，公众都可以通过切身感受给予公正的评价，因而，在环保领域公众是最具发言权的，应构建有效的法律机制充分保护其表达自由。

参与决策权是程序性环境权的核心组成部分，是公众参与环境事务的基点。《世界自然宪章》第23条指出："人人应当都有机会按照本国法律个别地或者集体地参加拟订与环境直接有关的规定"。公众通过参加决策、制定政策等活动，自觉、民主地投入致力于可持续发展的努力，这是保护人权免受一切政策制定偏向所产生消极影响的方法之一。根据《公众在环境事务中获得信息、参与决策、诉诸司法权利的奥胡斯公约》有关规定，可以将公众参与决策的范围界定在以下三个方面：一是公众对具体环境活动决策的参与。在对环境有影响或有潜在影响的活动中，必须建立保证公众参与的可靠程序，该程序应当是透明、可靠、有成效的，国家只能而且应当通过高级别的法律或行政法规来建立这种程序。二是公众对与环境有关的规划和政策决策的参与。应保证公众参与与环境有关的宏观计划和政策决策的准备过程，建立这样一种透明的制度框架，保证公众的有效参与。三是环境行政法规和环境法律决策的公众参与。公众应被保证在适当的阶段参与环境行政法规和法律的决策及执行，使公众有直接的、或通过其代表的评论机会。

6.5.2 公众表达型参与机制的构建

表达型参与机制的构建，就是要建立一个可有效运转的公众意见表达、收集和反馈系统。这个系统是双向的：

一方面，公众可以通过一定的渠道和途径表达自身的想法，参与环境事务的决策过程；另一方面，政府及环保行政机构可以通过相应的渠道和途径，征求公众意见、采纳公众建议、进行环境事务决策、反馈公众提议。许多具体细化的法律制度可以有效支撑表达型参与机制的运转，如民意调查制度、听证会制度、协商谈判制度、公民请愿和公民投票制度等。其中，前两种制度更适于在我国的现状和政体下运用，以保障公众对环境事务的表达和决策参与。

民意调查制度是实现人民主权原则的需要，也是提高政府服务和政策制定职能的需要，特别是涉及重大环境事务（如重要环境立法或政策的出台）时，民意调查制度更是政府获取民众理解和支持的有力保障。除中央政府各部委可设立民意调查机构外，还可以广泛扶持各种民间研究咨询性的民意调查机构和私营民意调查企业的建立，使民意调查成为公众表达意愿和想法的经常性渠道，维护公众对环境保护的持续性参与。

听证会制度在立法机关环境政策法规的制定过程和重大环境事务的决策过程中发挥着举足轻重的作用，特别是在环境影响评价中，听证作为公众参与环境影响评价的核心内容，使公众以一种最为直接有效的方式参与到政府的环境决策中来，可以说是环境保护公众参与最突出的表现形式。听证会一般可分为邀请参加和自由报名参加两种类型。前者亦可称为封闭式听证会，多以专家座谈会的形式出现，突出专业性和权威性，但将普通公众排除在外，缺乏广泛性；后者亦称为开放式听证会，除邀请专家参与外，还预留一定的席位，由普通公众自由报名参加，国家环保总局 2005 年 4 月在北京召开的"圆明园防渗工程听证会"，首开我国环境重大事件开放式听证会的先河，吸引了大量公众的关注与参与，取得了良好的社会效果。听证会的程序包括准备和实施两个阶段：准备阶段包括听证公告和通知的发布，证人的选择和邀请，证言与准备材料的收集，证人作证形式及顺序的确认等；实施阶段涉及听证是否不公开、证人权利、询问与回答、听证记录等内容。由于环境问题与所有公众的切身利益都息息相关，所以，在制定环境政策、法律法规和处理重大环境问题时，均应举行开放式听证会，并在相应的法律法规中明确公众自由参加听证会的权利、程序和实施办法，使听证会成为公众表达和参与重大环境事务的有效途径。

6.5.3　公众表达型参与制度的完善

环境立法过程中的公众参与是实现环境民主的内在要求。为满足公众的环境利益诉求，实现环境立法的民主化、科学化，有必要在完善现有参与形式的基础上，进一步拓宽参与渠道、规范参与方式，并逐步达到程序参与的制度化，实现表达型参与机制在环境立法中的有效实现。发达国家公众参与的方式多样，如立法调研、座谈会、论证会、征求公众意见、听证会等。针对我国公众参与环境立法方式单一、程序不完善等问题，应对公众参与立法的程序予以规制。对涉及公众重大的、普遍的环境利益的或有重大分歧的立法事项，应明确以立法听证或全民讨论为法定、强制性的参与方式；对一般性环境立法，应赋予行政机关根据情况灵活采用专家论证会、座谈会、书面陈述、共同协商、征求公众意见甚至全民讨论等公众参与的形式和途径。

根据现代行政决策的规律性要求，我国应逐步建立健全公众参与、专家论证和政府决定相结合的行政决策机制。在环境行政决策过程中，我国应着力从以下两个方面加以完善：一是应进一步拓宽公众参与的事项范围。根据各国有关环境保护公众参与的经验并结合我国的实际情况，应鼓励公众参与环境决策和管理的全过程，当前公众除应参与环境影响评价法规定的在专项规划和建设项目中的环境影响评价外，还应将范围拓展到对有关环境政策和决策的全程参与和对环境法律法规或决策在执行过程中的参与。二是应深化公众参与环境行政决策的程度。以公众参与环境影响评价为例，我国在环境影响评价领域建立了较为成熟的公众参与制度，但这一制度一般只设定了环境评价前的参与和环境评价过程中的参与，一般模式为：相关部门为公众提供项目相关信息，为环境评价过程中的公众参与提供条件和基础；公众利用自己掌握的相关信息与决策部门就具体项目进行双向交流，提出自己的建议和意见。而在我国政府主导行政决策的现实背景下，这两种情形下的公众参与就往往会流于形式，起不到真正监督行政权滥用的效果。因此，在环境影响报告书审批后，公众还应有权就报告书的内容、环保部门的审批意见、依据、理由等提出质询、意见和建议。相关部门应及时充分考虑公众的反馈意见并作出相应调整。

在我国环境执法监督过程中，应充分发挥公众参与的力量，以公众力量弥补环保部门执法监督中存在的缺陷，同时也以公众参与对环保行政部门滥用行政权力的倾向予以约束。我国环境执法监督过程中公众表达型参与应从以下几个方面加以完善：一是设立环境奖励制度，鼓励公众积极参与到与环境污染和破环作斗净的活动中。环境奖励制度包括物质和精神上的奖励。环境保护公众参与的动力来源于他们与环境的利益关系，每个人都更愿意生活在洁净优美的环境中，当环境与公众的利益比较小，或者做出一定的行为没有任何回报时，公众是不愿意为环保出力的，这样就体现出了环境奖励制度的重要性。当公众对重大环境污染事故作出举报、提供重大线索和证据时，应对相关公众予以奖励，这样既可以使参与环境保护的公众得到一定的补偿，同时也能够鼓励其他公众进一步的参与行为。二是应赋予公众对环境执法行为的监督权。我国环境保护法中公众的监督对象为有排污行为者，公众有权对其行为进行检举、揭发和控告。但对行政机关的不作为却没有赋予公众监督权。监督权的缺失使公众在环保部门执法实践中的具体参与行为受限，不能很好地发挥约束行政权滥用的作用。因此，建议在《环境保护法》个人权利条款中增加规定公民有权对相关行政主管部门的环境执法活动进行监督。这样，公民的表达型参与权就能得到更充分的保障。

6.6 公众通过司法参与环境保护机制的完善

对环境损害或破坏人人都应当有诉请法律救济的权利，这就是程序性环境权中的诉权。在环境问题上诉诸司法并获得救济，是环境权实现的最后保障。根据《公众在环境事务中获得信息、参与决策、诉诸司法权利的奥胡斯公约》规定，公众除了享有在一般环境损害问题上获得法律救济的权利之外，在环境事务中的知情权和参与决策权受到非法侵害时，也应可以进行相应诉讼并得到法律救济。

我国公众在面对纠纷时普遍存在逆来顺受的心态，自身权益受到侵害时往往不懂或不愿采用司法救济的手段解决问题，尤其在环境纠纷发生时，提起诉讼、用法律手段处理纠纷的人更是寥寥无几。这不仅表现出我国公众长期受传统儒家"无讼"文化影响、法律意识淡薄的状态，更重要的是它显示出了我国环境诉讼制度的薄弱，这对我国环境诉讼制度的健全和完善提出了更大和更急迫的要求。环境诉讼是环境保护公众参与的一种重要方式，也是一种极端的和最终的参与措施。由于环境损害的复杂性、广泛性和特殊性，在公众诉请法律救济时，存在着不同于一般诉讼制度的方式和程序，其中比较有代表性的就是——环境公益诉讼。

目前，我国行政诉讼法和民事诉讼法对环境私益诉讼都设置了较为成熟的制度体系，而环境公益诉讼制度目前并没有建立。这一制度的立法确认有利于保障公民的环境权和环境公共利益，有利于调动公众参与环境保护的积极性，也有利于诉讼法律制度的完善和环境立法目的的实现。

欧美各国的环境法都普遍确立了环境公益诉讼制度，并为公众环境诉讼创造了便利的司法条件。法律上的公民诉讼条款最早见于1970年颁布的《美国清洁空气法》。该法规定，任何公民都有权代表自己对任何人（包括美国政府及其政府机构）提起诉讼，以实施授权该公民诉讼条款的环境法律以及依据该成文法颁布的行政规章、其他诸如许可证以及行政命令等特殊的法律要求。❶ 同样，《美国清洁水法》规定："联邦环保局和各州对实施该法负主要责任，但环保局必须吸收公众参与对任何禁止排污的法律的完善、修订和执行工作"，该法还规定，允许公民或各州对任何被指控为违反《水法》的人提起诉讼。瑞典《环境保护法》第34条规定："任何根据本法对有害的环境活动提出诉讼请求的，有权向该活动已经发生或即将发生地财产法院提起诉讼"。英国的《污染控制法》规定："对于公害，任何人均可起诉。"因此，在借鉴其他国家先进经验的同

---

❶ 关丽. 美国的环境公民诉讼制度 [J]. 世界环境, 2008（1）：45.

时，我国要立足本国国情，在保持法律相对稳定性和安全性的前提下，立法建立适合我国的环境公益诉讼制度，从而为环境保护公众参与提供司法资源的制度支撑。我国可以从以下几个方面考虑建构环境公益诉讼制度。

6.6.1　放宽原告资格

环境侵害具有间接性、复杂性、缓慢性和难以恢复等特点，因此对于环境公益的侵害应以预防为主。所以，环境公益诉讼的诉讼理由不能是"已构成现实的侵害和破坏"，而应当是只要行为人的行为有造成环境损害的危险就可以提出诉讼。❶ 如果只能在损害环境公益的行为已经发生时才能够提起环境公益诉讼，那将很难防止侵害环境公益的后果出现。反之，在损害环境公共利益的客观事实还没有发生，但将来有可能侵害环境公益时，如果也可以提起环境公益诉讼，则能防患于未然。

原告是诉讼程序的启动者和不可替代的参与者。为了使环境公益保护获得可诉性，原告资格的扩张已成为现代法治国家诉讼法的发展趋势。考虑到我国人口众多、司法资源有限的现实国情，期望任何公民、法人和组织都有资格提起环境公益诉讼的愿望，至少在目前是不现实的。为此，立足于现实的可行性，并借鉴西方国家的立法经验，

---

❶ 赵许明. 公益诉讼模式比较与选择 [J]. 比较法研究，2003 (2): 74.

对原告资格做适度的放宽，才是我们理性的选择。为此，可作如下构想：

一是在环境民事公益诉讼中，突破现行立法"与本案有直接利害关系"方可提起诉讼的限制，将起诉资格要件扩大到"与本案有直接或间接利害关系的公民、法人和其他组织"，以有效地保护环境民事侵害的受害人。之所以建立环境民事公益诉讼制度，主要是因为环境民事侵权同普通的民事侵权存在重大的区别，即普通民事侵权行为侵害的是特定受害人的直接利益，而环境侵权行为侵犯的是不特定多数人所享受的环境利益和民事权益。如果严格按照诉讼主体必须与案件存在直接的利害关系的规定，那么多数环境侵权损害将无法得到救济，这就会纵容环境侵权行为，有违社会公平和正义。

二是在环境行政公益诉讼中，如果环境行政管理机关作出的一个具体环境行政行为所侵犯的并不是该行政管理相对人的权益，而是与该具体环境行政行为有直接或间接利害关系的公民、法人或者其他组织的合法权益，在此种情况下，利害关系人应当有起诉并获得救济的权利。因此，除行政管理相对人提起诉讼的资格以外，环境行政公益诉讼的起诉资格还应拓展到"检察机关与具体环境行政行为有直接或间接利害关系的公民、法人或者其他组织"。此外我国的环境保护机关既是政府的职能部门，又是环境保护方面的专门机构，惩处危害环境的行为，保护社会公共利益是其本身的职责。根据现行的《刑事诉讼法》，环保行政机关不能直接提起环境公益刑事诉讼。但是环保行政机关拥有资源和能力上的优势，其专业技术水平较高。为适应环境侵权和环境犯罪的特殊性要求，应赋予环保行政机关以刑事起诉权。

三是予环保组织以环境公益诉讼原告资格。对于环境犯罪而言，受害人人数众多。如果每个受害人都单独提起诉讼，运用传统的诉讼程序必然会造成资源的浪费，且受害者在财力、精力和法律知识上无法对抗强大的加害企业。因此，可以赋予环保团体以团体整体或团体中部分成员整体的利益受损为由向法院提起环境公益诉讼。尽管我国的环保团体与国外相比还不够成熟，但随着我国环境保护事业的发展，环保组织正日益发挥越来越重要的作用。立法上可以考虑对一些环保团体经一定程序认可，赋予专门的起诉权，为环境公共利益而提起诉讼。在公民个人为环境公共利益而提起诉讼尚存在障碍的现实国情下，为使环境权得到最大限度的保护，这种方式不失为一种有效选择。但是为避免诉权的滥用，可以向法院在环保团体提起环境公益诉讼时设置一个前置程序，即其必须先向检察机关反映，如果检察机关不起诉，环保团体才可以提起诉讼。

四是赋予检察机关提起环境公益诉讼的资格。比起普通的个人提起公益诉讼，检察机关提起公益诉讼的积极效果是令人刮目的，其公共性特点使其最适合担当公共利益的代表，并且其有侦查权，有资源，可以分担诉讼的成本。目前，赋予检察机关提起环境公益诉讼的资格已成为各国的立法通例，也是我国的主流观点。

6.6.2　扩张受案范围

正确确定环境民事公益诉讼的受案范围，是进行环境民事公益诉讼立法的首要任务。既涉及对民事主体的环境民事公益诉讼，又涉及对行政主体的环境行政公益诉讼，其中环境民事公益诉讼的范围一般限于民事主体损害环境公共利益的情形。环境行政公益诉讼则包括行政机关不当作为、应当作为而不作为及行为本身损害环境公共利益等情形，这其中既有具体行政行为，又有抽象行政行为。行政诉讼的受案范围涉及行政权与司法权的关系、涉及社会观念更新问题，还涉及人民法院承受能力的问题。

6.6.2.1　环境公益诉讼抽象行政行为的可诉性

环境公益诉讼允许公民、环保组织、检察机关对污染和破坏环境的单位和个人就已经发生的、现实的环境损害提起诉讼，也同样允许其对将来有可能造成的环境损害提起诉讼，只要根据有关情况合理判断有损害环境公共利益的可能即可。但对于将来有可能造成的损害是否可以提起赔偿这一问题，笔者持否定态度，因为环境损害的赔偿计算本身就是一个相当复杂而专业的问题，更何况是对将来的损害进行提前的计算，其计算的公正性、合理性让人怀疑。所以，环境公益诉讼可以允许对有造成环境损害之虞的违法行为提起诉讼，但不主张可以对将来的损害要求赔偿。

目前行政诉讼的可诉对象是不包括抽象行政行为的，笔者认为就环境行政公益诉讼而言，其受案范围除了包括具体行政行为，还应当包括抽象行政行为。这也符合环境公益诉讼预防性原则要求。抽象行政行为是针对普遍对象作出的，使用的效力不止一次，具有反复性、广泛性，产生的影响远远大于具体行政行为，比具体行政行为更具有危险性。从这个角度来讲，环境机关的某些抽象行政行为对环境公益造成的损害往往比单个具体违法行政行为严重得多，因为行政机关制定的开发计划、规划、政策有时会忽略环境公共利益而给环境造成损害，而且抽象行政行为反复适用的特性使其一旦可能对环境造成损害后果就更加严重，因此，应当将抽象行政行为（如行政机关制定的部分具有普遍约束力的决定、命令）纳入诉讼范围，允许在环境公益诉讼中，提起针对环境机关抽象行政行为的"撤销之诉"，以更好地解决环境危险问题。在司法实践中，法院受理的行政案件对行政诉讼法第 11 条规定的可诉具体行政行为也作了很多突破性的解释。

6.6.2.2　非实质性环境损害的可诉性

德国《民法典》第 823 条规定："因故意或过失不法侵害他人的生命、身体、健康、自由、所有权或其他权力者，对被害人负损害赔偿的义务；精神的损害，仅在人身受到环境侵害时始于赔偿"。法国对于环境侵权损害赔偿的范围，除了人格权、财产权受害外，还包括诸如生活乐趣的剥夺等精神上的损害。日本环境法借助精神赔偿法的形式较早地确立了环境侵权中的精神损害赔偿问题。由此可见，环境侵害精神赔偿已是世界上环境法制完善国家的普遍做法，因此，规定非实质性环境损害的可诉性具有理论上重大价值和实践上的可操作性。给予精神损害赔偿，虽然这不是赔偿（精神）痛苦的完善的方法，但至少是一种唯一可行的无论如何比毫无赔偿要好些的补偿办法；❶ 通过司法裁判确认精神损害赔偿责任，可以无谓受害人，教育、惩罚侵权人，引导社会努力形成尊重他人的人身权利，尊重他人人格尊严的法制意识和良好的社会风尚，促进社会文明、进步。

6.6.3　明确举证责任

在环境公益诉讼中，举证责任分配的合理与否，将直接影响环境公益诉讼目的能否实现，公众参与权利能否得到切实维护，环境问题能否得到有效解决。

6.6.3.1　举证责任的分配

实践中，环境公益诉讼的举证非常困难，一般是在污

---

❶ 勒内，沙涅列维奇．东欧五国民法典关于民事违法责任的规定［J］．法学译丛，1982（6）：123.

染和破坏行为发生一段时间后才会显现环境损害的后果，事后收集的证据与污染和破坏行为发生时已相去甚远。再加上要证明污染和破坏行为造成环境损害需要一定的专业性、技术性，因而如果要求受害人对加害人的行为与损害事实之间的因果关系、加害人是否有过错承担举证责任的话，就会造成诉讼中原告与被告之间地位的极为不对等，对受害人极为不利。最高人民法院《关于适用〈中华人民共和国民事诉讼法〉若干问题的意见》第74条规定，对公众因环境污染提起的诉讼实行举证责任倒置。2004年修订的《固体废弃物污染防治法》第86条也规定了在环境诉讼中实行举证责任倒置。我国在环境公益诉讼中也应坚持实行举证责任倒置，受害人对环境损害事实及损害大小承担证明责任，加害人对其行为是否污染和破坏环境、污染或破坏行为与损害结果之间是否有因果关系、是否存在过错、能否依法免责等承担举证责任，而其他可能出现的待证事实或主张的举证责任，则由人民法院根据案件的具体情况，综合考虑当事人的举证能力等因素，本着公平公正的原则，合理分配原被告之间的举证责任，以实现环境公益诉讼的目的，切实维护环境公共利益。

但举证责任倒置也应视原告的情况而定，在环境公益诉讼起诉人是检察机关的情况下，举证责任还是应该遵循"谁主张，谁举证"的原则。因为检察机关是国家机关，它具有法定的侦查权，尤其在我国还面临这样的现实情况——要取得某部门的资料，很多情况下都需要公函，而在向一般民众取证时，其面对国家机关通常都会比较配合，因而检察机关环境公益诉讼举证艰难的情况相对于一般的公众或社会团体减轻了很多，不宜再适用举证责任倒置。

6.6.3.2　证据效力

环境污染和破坏的事实有赖于科学的鉴定。由于其科学技术性强，因此，各国环境公益诉讼的实施一般不是由法院对这些证据加以确认，而是委托专业机构加以鉴定。我国目前并没有独立的第三方鉴定机构，制度的缺失导致环境污染危害后果原因认定的失信，也没有环境污染损害大小评估机构的认定，其他管理部门如林业部门，农业部门，虽然有个别受害原因认定机构和损害评估机构，但是由于缺乏统一的技术标准，不同的机构对于同一个案件作出的结果时常大相径庭，有的甚至截然相反，让法院难以抉择。因此，建立环境诉讼制度首先对中国目前的环境检测、管理体制进行改革，使其从行政隶属关系下解脱出来，使其成为中立性的第三人组织，为环境公益诉讼活动必要的调查证明活动提供公正、客观的环境鉴定，从而保证环境公益诉讼制度的良好运行。

6.6.3.3　诉讼时效

为了提高司法效率，我国现行三大诉讼法都对诉讼时效进行了明确规定，但在《民法通则》的有关司法解释中规定"未授权给公民、法人经营、管理的国家财产受到侵害的，不受诉讼时效期间的限制。"这一规定是处于保护国家利益所需，而环境公益诉讼同样是为了保护国家利益和社会公众利益，也应当不受诉讼时效的限制，使侵犯环境利益的违法行为在任何时候均能收到法律追究。

6.6.4　合理分担诉讼费用，奖励胜诉原告

6.6.4.1　诉讼的费用负担

诉讼费用的承担以及诉讼结果所得利益的分配直接影响着诉讼的提起和效率，是诉讼能否达到目的的重要因素，在环境公益诉讼案件中情况更加如此，所以恰当地涉及环境公益诉讼的诉讼费用承担模式和诉讼所得利益分配对于成功的环境公益诉讼来说就显得十分重要。

根据我国现有的法律规定，诉讼费用一向由败诉人承担，但原告预交案件受理费作为诉讼的成立要件之一，如果当事人不缴纳费用或在当事人申请缓交、减交、免交诉讼费用而为获得法院准许，诉讼程序是不可能启动的，当事人的诉权当然也就无法得到保护和实现，公众提起环境公益诉讼是为了维护社会公共利益，胜诉后的受益人是不特定多数人，甚至可能是整个社会。如果所有的诉讼费用都由原告承担，显然有违社会公平原则，而且也必然会阻碍公众对环境公共利益维护的热情。由于在环境公益诉讼中牵涉面较大而且设计众多复杂专业知识和技能，原告即

便履行其交情的举证责任也需花费极为昂贵诉讼成本，往往为一般的个人和组织难以承受。所以在这方面我们应该借鉴国外做法，适当减轻民众提起公益诉讼的费用，在立法上，对诉讼费用负担作出有利于原告的规定。如在法国当事人提起越权之诉时，事先不缴纳诉讼费用，败诉时再按规定标准收费，数额极为低廉。这种诉讼负担方式有利于公众提起公益诉讼，值得借鉴。

环境公益诉讼如若胜诉，诉讼所得一方面应用于弥补环境损失，进行环保建设，如可将诉讼所得设立为一个统一的环境保护基金，专款专用，用于受污染环境的治理和保护。胜诉所得另一方面也可给予起诉者一定的奖励以鼓励其维护环境公益的行为。美国的《错误赔偿法》中就规定：如果胜诉，则告发人可以获得诉讼费用和律师费，告发人还可获得 15%～30% 的全额赔偿。如果政府介入诉讼，则告发人可获得 15%～25%，但如果政府没有继续诉讼，告发人自己诉讼并获得判决，则告发人可获得 25%～30% 的赔偿额。❶ 类似的做法可以有效地激发公众参与环境保护的热情，为环境事业的健康持续发展提供保障。

6.6.4.2　原告奖励机制

起诉人不是为了私益而是为了环境公益起诉，必然消

---

❶ 徐卉. 通向社会正义之路：公益诉讼理论研究 [M]. 北京：法律出版社，2009：8-9.

耗其时间、精力、金钱、若不给原告一定的奖励，不设置提起公益诉讼的激励机制，这样很多人就不会为了维护公益而去牺牲自己的既得利益。因此，在起诉是为了维护社会公共利益的情况下应给原告一定的奖励。至于奖励的来源，有的学者认为应是国家对违法者的经济制裁所得。经济违法行为的责任人根据其违法行为的事实、情节、应承担各种责任。其中一项责任是罚款。原告得到的奖励是来源于法院对被告的罚款，具体比例可规定一个幅度。《美国反欺骗政府法》规定，败诉的被告将被处以一定数额的罚金，原告有权从被告的罚金中提取 15%～30% 的金额作为奖励。《美国水法》第 505 条规定：实质上胜诉的一方可以免除聘请律师的费用，但对那些就非重要的违法行为提起不慎重诉讼的公民，法院可以拒绝采用同样的做法。为鼓励公众运用环境公益诉讼来维护本人及公众的环境利益，我国立法可考虑作如下规定：当事人提起环境公益诉讼，诉讼费用在案件审理结束后缴纳；原告胜诉时，诉讼费用适当向被告转移；经原告申请，人民法院认可，在必要的时候，国家可对其进行适当的补偿。有学者认为除了从对被告的经济制裁中取得，还可以由国家或地方政府出资设立环境公益诉讼奖励基金，或者通过社会捐赠等途径实现。实际上最后一种观点更有力地保障了这种激励机制的实施，同时也是符合公平原则的，奖励机制的设置使原告的付出在一定程度上得到补偿，同时也会去鼓励共多的人去维护社会公益。

参考文献

一、中文文献

［1］吕忠梅．环境法新视野［M］．北京：中国政法大学出版社，2000.

［2］蔡守秋．环境政策法律问题研究［M］．武汉：武汉大学出版社，1999.

［3］王曦．美国环境法概论［M］．武汉：武汉大学出版社，1992.

［4］中国社会科学院环境与发展研究中心．中国环境与发展评论［M］．北京：社会科学文献出版社，2001.

［5］环境科学大词典［M］．北京：中国环境科学出版社，1993.

［6］金瑞林．环境法学［M］．北京：北京大学出版社，2002.

［7］常纪文．环境法原论［M］．北京：人民出版社，2003.

［8］蔡守秋．环境资源法学［M］．北京：人民法院出版社，2003.

［9］陈德敏．环境法原理专论［M］．北京：法律出版社，2008.

［10］王蓉．资源循环与共享的立法研究——以社会法视角和经济学方法［M］．北京：法律出版社，2006.

［11］韩德培，陈汉光．环境保护法教程［M］．4版．北京：法律出版社，2005.

［12］罗杰·W. 芬德利，丹尼尔·A. 法伯．环境法概要［M］．杨广俊，等，译．北京：中国社会科学出版社，1997.

［13］马骧聪．苏联东欧国家环境保护法［M］．北京：中国环境科学出版社，1990．

［14］李艳芳．公众参与环境影响评价制度研究［M］．北京：中国人民大学出版社，2004．

［15］魏伊丝．公平地对待未来人类：国际法、共同遗产与世代间衡平［M］．汪劲，王方，王鑫海，等，译．北京：法律出版社，2000．

［16］高家伟．欧洲环境法［M］．北京：工商出版社，2000．

［17］常纪文，陈明剑．环境法总论［M］．北京：中国时代经济出版社，2003．

［18］周汉华．外国政府信息公开制度比较［M］．北京：法律出版社，2003．

［19］陈焕章．实用环境管理学［M］．武汉：武汉大学出版社，1972．

［20］叶文虎，栾胜基．环境质量评价学［M］．北京：高等教育出版社，1994．

［21］杨贤智．环境管理学［M］．北京：高等教育出版社，1990．

［22］汪劲．环境法学［M］．北京：北京大学出版社，2006．

［23］徐祥民，田其云．环境权环境法学的基础研究［M］．北京：北京大学出版社，2004．

［24］周珂．环境法学研究［M］．北京：中国人民出版社，2008．

［25］曲格平．环境保护知识读本［M］．北京：红旗出版社，1999．

［26］陈建新．试论环境保护民主原则及其贯彻［J］．南方经济，2003（9）．

［27］汪劲．中国环境法原理［M］．北京：北京大学出版社，2000．

［28］陈汉光，朴光洙．环境法基础［M］．2版．北京：中国环境科学出版社，2004．

［29］李泊言．绿色政治［M］．北京：中国国际广播出版社，2000．

[30] 王树义. 俄罗斯联邦生态法 [M]. 武汉：武汉大学出版社，2001.

[31] 叶俊荣. 环境政策与法律 [M]. 北京：中国政法大学出版社，2003.

[32] 肖剑鸣. 比较环境法 [M]. 北京：中国检察出版社，2002.

[33] 赵国清. 外国环境法选编 [M]. 北京：中国政法大学出版社，2001.

[34] 原田尚彦. 日本环境法 [M]. 于敏，译. 北京：法律出版社，1999.

[35] 季卫东. 从行政规制到利益诱导——日本推动环境保护和可持续发展的法制手段 [M] // 吴敬琏. 比较（第二十一辑）. 北京：中信出版社，2005.

[36] 亚历山大·基斯. 国际环境法 [M]. 北京：法律出版社，2000.

[37] E. 博登海默. 法理学法律哲学与法律方法 [M]. 北京：中国政法大学出版社，1998.

[38] 金瑞林. 中国环境法 [M]. 北京：法律出版社，1990.

[39] 于兆波. 立法决策论 [M]. 北京：北京大学出版社，2005.

[40] 陈贵民. 现代行政法的基本理念 [M]. 济南：山东人民出版社，2004.

[41] 沈宗灵. 法理学 [M]. 北京：高等教育出版社，1994.

[42] 蔡守秋. 环境法教程 [M]. 北京：科学出版社，2003.

[43] 张文显. 法哲学范畴研究 [M]. 北京：中国政法大学出版社，1993.

[44] 徐卉. 通向社会正义之路：公益诉讼理论研究 [M]. 北京：法律出版社，2009.

[45] 卓光俊，杨天红. 环境公众参与制度的正当性及制度价值分析 [J]. 吉林大学社会科学学报，2011（4）.

[46] 曹明德，王京星. 我国环境税收制度的价值定位及改革方向 [J]. 法学评论，2006（1）.

[47] 田良. 论环境影响评价中公众参与的主体、内容和方法 [J]. 兰州大学学报：社会科学版，2005（5）.

[48] 周珂，王小龙．环境影响评价中的公众参与 [J]．甘肃政法学院学报，2004（3）．

[49] 高金龙，徐丽媛．中外公众参与环境保护立法比较 [J]．江西社会科学，2004（3）．

[50] 黄桂琴．论环境保护的公众参与 [J]．河北法学，2004（1）．

[51] 杨振东，王海青．浅析环境保护公众参与制度 [J]．山东环境，2001（5）．

[52] 王灿发．论我国环境管理体制立法存在的问题及其完善途径 [J]．政法论坛，2003（4）．

[53] 马燕，焦跃辉．论环境知情权 [J]．当代法学，2003（9）．

[54] 宋言奇．非政府组织参与环境管理：理论与方式探讨 [J]．自然辩证法研究，2006（5）．

[55] 赵正群．得知权理念及其在我国的初步实践 [J]．中国法学，2001（3）50．

[56] 余晓泓．日本环境管理中的公众参与机制 [J]．现代日本经济，2002（6）．

[57] 刘红梅，王克强，郑策．公众参与环境保护研究综述 [J]．甘肃社会科学，2006（4）．

[58] 林智理．生态环境保护公众参与的不同层次分析 [J]．上海环境科学，2006（6）．

[59] 柴西龙，孔令辉，海热提·涂尔逊．建设项目环境影响评价公众参与模式研究 [J]．中国人口·资源与环境，2005（6）．

[60] 方洁．参与行政的意义——对行政程序内核的法理解析 [J]．行政法学研究，2001（2）．

[61] 刘文荣，陈鹏，马小明．公共池塘资源管理的自治制度分析 [J]．环境科学动态，2005（2）．

[62] 宋若思. 市场失灵、政府失灵和志愿失灵 [J]. 经济师, 2003 (6).

[63] 那力. 论环境事务中的公众权利 [J]. 法制与社会发展, 2002 (2).

[64] 高金龙, 徐丽媛. 中外公众参与环境保护的立法比较 [J]. 江西社会科学, 2004 (3).

[65] 常纪文. 环境法基本原则: 国外经验及对我国的启示 [J]. 宁波职业技术学院学报, 2006 (1).

[66] 洪蔚. 美国的污染情报公开制度 [J]. 环境导报, 2000 (1).

[67] 高清. 刍议环境保护的公众参与 [J]. 经济问题, 2008 (6).

[68] 陈少坚, 张云峰. 论环境保护与公众参与 [J]. 广东化工, 2009 (11).

[69] 曾宝强, 曾丽璇. 香港环境 NGO 的工作对推进内地公众参与环境保护的借鉴 [J]. 环境保护, 2005 (6): 77.

[70] 郝慧. 公众参与环境保护制度探析 [J]. 环境保护科学, 2006 (10).

[71] 舒冰. 论我国环境保护中的公众参与制度 [J]. 内蒙古环境保护, 2004 (6).

[72] 林家彬. 环境 NGO 在推进可持续发展中的作用 [J]. 中国人口·资源与环境, 2002 (2).

[73] 侯小伏. 英国环境管理的公众参与及其对中国的启示 [J]. 中国人口·资源与环境, 2004 (5).

[74] 鄂晓梅. 国际非政府组织对国际法的影响 [J]. 政法论坛, 2001 (3).

[75] 肖波. 关于在环境影响评价过程中开展公众参与的思考 [J]. 环境污染与防治, 2004 (10).

[76] 程宗璋. 论我国环境公众参与制度的不足与完善 [J]. 湖南环境生物职业技术学院学报, 2003 (6).

[77] 徐春艳. 略评我国环境影响评价法中的公众参与制度 [J]. 广播电视大学学报: 哲学社会科学版, 2004 (3).

[78] 汪全胜. 立法论证探讨 [J]. 政治与法律, 2001 (3).

[79] 史玉成. 论环境保护公众参与的价值目标与制度构建 [J]. 法学家, 2005 (01).

[80] 黄锡生, 黄猛. 我国环境行政权与公民环境权的合理定位 [J]. 现代法学, 2003 (5).

[81] 李步云. 论人权的三种存在形态 [J]. 法学研究, 1991 (4).

[82] 关丽. 美国的环境公民诉讼制度 [J]. 世界环境, 2008 (1).

[83] 赵许明. 公益诉讼模式比较与选择 [J]. 比较法研究, 2003 (2).

[84] 勒内, 沙涅列维奇. 东欧五国民法典关于民事违法责任的规定 [J]. 法学译丛, 1982 (6).

[85] 游中川. 环境保护公众参与法律制度研究 [D]. 重庆: 西南政法大学, 2006.

[86] 张晓磊. 环境影响评价制度中的公众参与问题研究——比较行政法的视角 [D]. 济南: 山东大学, 2007.

[87] 李艳琴. 我国环境影响评价中公众参与有效性问题研究 [D]. 济南: 山东大学, 2007.

[88] 肖晓春. 法治视野中的民间环保组织研究 [D]. 长沙: 湖南大学, 2007.

[89] 冯敬尧. 公众参与机制研究——以环境法律调控为视角 [D]. 武汉: 武汉大学, 2004.

[90] 成昀. 浅议公众参与环境执法 [C]. 环境执法研究与探讨. 北京: 中国环境科学出版社, 2005.

[91] 世界银行技术文件 (第 139 号) [G] //环境评价资料. 北京: 国家环境保护局, 1993.

二、英文文献

[1] JOHN WILEY. Environmental Impact Statements: A Practical Guide for Agencies [M]. Citizens and Consultants, Inc., 1996.

[2] JOHN W. DELICATH. MARIE-FRANCE AEPLI ELSENBEER. STEPHEN P. DEPOE. Communication and Public Participation in Environmental Decision Making [M].New York: Albany. N. Y. State of University of New York Press, 2004.

[3] WILLEKE. Identification of Publicsin Water Resources Planning [M] // Water Politicsand PublicInvolvement, ed. J. C. Pierceand H. R. Doerksen. Ann Arbor Sciences Publishers, 1976.

[4] Cante r, L. W. Environm ental impact assessment [M]. 2ed. M. M cG rawhill Inc, 1996.

[5] FREE. GREEN. A New Approach to Environmental Protection Jonathan H. Adler [J]. Harvard Journal of Law & Public Policy, 2001.

[6] WEBLER, TULER. Fairness and Competence in Citizen Participation: Theoretical Reflections from a Case Study [J]. Administration Society, 2000 (32).

[7] MARGARET. A. HOUSE. Citizen Participation in Water Management [J]. Wat. Sci. Tech, 1999 (40).

[8] BRENT S. STEEL. Thinking Globally and Acting Locally: Environmental Attitudes. Behavior and Activism [J]. Journal of Environmental Management, 1996 (47).

[9] ROBERT D. KLASSEN. Linda C. Angell. An International comparison of environmental management in operations: the impact of manufacturing flexibility in the U. S. and Germany [J]. Journal of Operations Management, 1998 (16).

[10] JACQUELINE PEEL. Giving the Public a Voice in the Protection of the Global Environment: Avenues for anticipation by NGOs in Dispute Resolution at the European Court of Justice and World Trade Organization [J]. Colorado Journal of International Environmental Law & Policy, 2001 (47).

[11] SWELL. COPPOCK. CHAMBERS ROBERT. Participatory Rural Development: analysis of experience [J]. World Envelopment, 1994.

[12] Friedmann J. Empowerment: The Polities of Alternative Development [J]. MA. Blackwell. Cambridge, 1992.

[13] Citizen 2000. development of a model of environmental citizen-ship [J]. Global Environmental Change, 1999 (99).

[14] LUCA DEL FURIA, JANE WALLACE JONES. The Effectiveness of Provisions And Quality of Practices Concerning Public Participation In E IA In Italy [J]. Environmental Impact Assessment Review, 2000 (20).

[15] JimDetjen. What 15 the Environmental Journalism [R]. 北京：全国记者协会，2002.

三、网络文献

[1] 唐建光. 怒江大坝工程暂缓背后的民间力量 [EB/OL]. [2011-10-20]. http://news.sina.com.cn/c/2004-05-20/15043285303.shtml.

[2] 张凤英，李萌. 从公众参与看环境立法听证 [EB/OL]. [2017-01-01]. http://www.7265.cn/showarticle.asp?id=1764.